LES GUIDES MANGAS

ALGÈBRE LINÉAIRE

Auteur	SHIN TAKAHASHI	
Dessins	IROHA INOUE	
Scénario	RE_AKINO	
Studio	TREND-PRO	
Traduction	JÉRÔME GÄRTNER	enseignant en classe prépa
	TRISTAN POULLAOUEC	enseignant en classe prépa
	KEVIN DESTAGNOL	enseignant-chercheur
	THIERRY LIMOGES	enseignant en classe prépa
	VINCENT PUYHAUBERT	enseignant en classe prépa
Harmonisation	JÉRÔME GÄRTNER	enseignant en classe prépa
Révision	JEAN-YVES FÉVRIER	agrégé et karatéka

Ohmsha
no starch press
H&K

Manga de wakaru* : *senkeidaisuu est le titre japonais du *Guide manga de l'algèbre linéaire*. L'ouvrage a été créé par Ohmsha, l'un des éditeurs scientifiques les plus anciens et les plus respectés du Japon, et par Trend-Pro, un studio spécialisé dans les mangas. Ils ont réuni pour ce projet un scientifique très pédagogue, un dessinateur de renom et un scénariste. Une version en anglais a ensuite été co-publiée par Ohmsha et l'éditeur américain No Starch Press. L'adaptation française a été effectuée par des scientifiques accomplis, tous normaliens, enseignants, et révisée par un relecteur spécialisé.

Shin Takahashi est diplômé de l'université de Kyushu. Il est spécialisé dans l'écriture d'ouvrages scientifiques et techniques.

Noriko, jeune journaliste, déborde d'enthousiasme. Mais est-elle vraiment prête à traiter les sujets qui cognent ? Son boss, M. Seki, va lui enseigner les mathématiques dont elle aura besoin pour comprendre l'économie, la pollution ou encore le réchauffement climatique.

Vous avez trouvé une erreur ? Gasp ! Vous pouvez nous en faire part à l'adresse
`errare.humanum.est@H-K.fr`

ISBN 978-2-35141-360-9 ISSN 2558-4375 Dépôt légal août 2019

Avant-propos

Ce manga s'adresse à tous ceux qui veulent avoir les idées claires sur l'algèbre linéaire, très rapidement, tout en passant un bon moment.

Il intéressera tout particulièrement :

- les étudiants, que ce soit pour aborder l'algèbre linéaire, comprendre un cours ou voir à quoi ça sert ;
- les lycéens qui envisagent des études scientifiques ou commerciales ;
- tous ceux qui ont le sens de l'humour et qui s'intéressent aux mathématiques !

Le livre couvre les thèmes suivants :

Qu'est-ce que l'algèbre linéaire ?	chapitre 1
Les fondamentaux	chapitre 2
Matrices	chapitres 3 et 4
Vecteurs	chapitres 5 et 6
Applications linéaires	chapitre 7
Valeurs propres et vecteurs propres	chapitre 8

La plupart des chapitres comportent une longue partie manga complétée par quelques pages de texte. Vous aurez un bon aperçu de chaque sujet même si vous sautez les pages de texte, mais je vous recommande de lire l'ensemble. L'idéal est de lire le livre une fois puis de revenir sur chaque chapitre à mesure de vos besoins.

Ce livre est conçu comme un complément à d'autres ouvrages plus exhaustifs, il ne s'y substitue pas.

Je remercie mon éditeur, Ohmsha, de m'avoir donné l'occasion d'écrire ce livre, ainsi qu'Iroha Inoue, l'illustrateur du manga. Je suis reconnaissant à re_akino, qui a créé le scénario, et à toute l'équipe de Trend-Pro, qui a rendu possible la conversion de mon manuscrit en manga. J'ai reçu de bons conseils de Kazuyuki Hiraoka et de Shizuka Hori. Je vous remercie tous.

Shin Takahashi

Table des matières

PROLOGUE

QUE L'ENTRAÎNEMENT COMMENCE !

* CLUB DE KARATÉ DE HANAMICHI

ドキドキ
BA-DAM
BA-DAM
EXCU-
BAM
QU-
BOUM
HMM.
QU'AVONS-NOUS LÀ ?

JE... JE SUIS UN PREMIÈRE ANNÉE... JE M'APPELLE REIJI YURINO.
SERIEZ-VOUS PAR HASARD TETSUO ICHINOSE, LE CAPITAINE DU CLUB DE KARATÉ ?
C'EST MOI.
WAOUH... LE MARTEAU DE HANAMICHI EN PERSONNE !
HU-HUM...
?
MAINTENANT, JE NE PEUX PLUS RECULER !
JE VEUX REJOINDRE LE CLUB DE KARATÉ !
SALUE
JE N'AI PAS D'EXPÉRIENCE, MAIS JE PENSE QU–
HISSE
TU PLAISANTES ?
MES ÉLÈVES NE FERAIENT QU'UNE BOUCHÉE DE TOI.

S'IL VOUS PLAIT ! J–
JE VEUX DEVENIR PLUS FORT !
TREMBLE
TREMBLE
...
HMM ?
J'AI PAS DÉJÀ VU TA TÊTE QUELQUE PART ?
EUH...
AHA !

TU SERAIS PAS LE TYPE SUR LE LIVRE DE MATHS DE MA SŒUR ?
現役大学生が教える
誰でも徹底数学
百合野玲治著
MATHÉMATIQUES POUR TOUS
AUTEUR : REIJI YURINO
PAR DES ÉTUDIANTS— POUR LES ÉTUDIANTS
どーん
OH, VOUS AVEZ VU MON LIVRE ?
DONC C'EST BIEN *TOI* !
OU-OUI.
JE NE SUIS PEUT-ÊTRE PAS LE PLUS COSTAUD...
MAIS J'AI TOUJOURS ÉTÉ DOUÉ AVEC LES NOMBRES.
JE VOIS...
HMM
JE POURRAIS ÉVENTUELLEMENT T'ACCEPTER DANS LE CLUB...
QU— ?

VRAIMENT ?!
...MAIS À UNE CONDITION !
TU DOIS DONNER DES COURS DE MATHS À MA PETITE SŒUR.
HEU
ELLE N'A JAMAIS ÉTÉ TRÈS À L'AISE AVEC LES NOMBRES, TU VOIS...
HIER PAR EXEMPLE ELLE SE PLAIGNAIT D'AVOIR DES PROBLÈMES AVEC L'ALGÈBRE LINÉAIRE...
DONC SI J'AIDE VOTRE SŒUR, VOUS ME LAISSEREZ REJOINDRE LE CLUB ?

ÇA TE CONVIENDRAIT ?
BIEN SÛR !
JE DOIS TE PRÉVENIR...
SI TU LA TOUCHES...
MÊME UNE SEULE FOIS...
CRAC
CLAC
ゴキ
ゴキ
JE... N'Y SONGERAIS MÊME PAS !
ALORS... SUIS-MOI.
ON NE TE FERA PAS DE CADEAU.
COMPRIS.
ON COMMENCE TOUT DE SUITE.
真派花道空手会
J'AI RÉUSSI !!

1

QU'EST-CE QUE L'ALGÈBRE LINÉAIRE ?

* *OSSU* EST UNE INTERJECTION QU'ON UTILISE SOUVENT DANS LES ARTS MARTIAUX JAPONAIS POUR SALUER LE PROFESSEUR.

ストトー
MMH...
BOUM
JE ME DEMANDE COMMENT ELLE EST...
OUILLE.
TIENS, CELLE-CI RESSEMBLE UN PEU AU SENSEI...
HMM...
PARDON, ES-TU REIJI YURINO ?
QU–
RAVIE DE TE RENCONTRER.
JE M'APPELLE MISA ICHINOSE.

DÉSOLÉE QUE MON FRÈRE T'AIT DEMANDÉ UN SI GROS SERVICE À L'IMPROVISTE.
PAS DE PROBLÈME ! RAVI D'ÊTRE UTILE !
COMMENT PEUT-ELLE ÊTRE SA SŒUR ?!
JE...
JE NE SAVAIS PAS QUE J'ÉTUDIAIS AU MÊME ENDROIT QUE LE CÉLÈBRE REIJI YURINO !
EUH, JE N'IRAIS PAS JUSQU'À DIRE *CÉLÈBRE*...
J'ATTENDAIS CETTE OCCASION AVEC IMPATIENCE !
EUH... ÇA T'EMBÊTERAIT DE SIGNER MON EXEMPLAIRE ?
COMME... UN AUTOGRAPHE ?
SI ÇA NE TE GÊNE PAS, BIEN SÛR...
AVEC PLAISIR.
TOUCHE
OUPS

DÉ–
...
DÉSO–
–LÉ
DÉSOLÉ MISA, JE VAIS RENTRER UN PEU PLUS TÔT AUJOURD'HUI.
GRAND FRÈRE !
YURINOOO
TU TE RAPPELLES?
OUI !

UN APERÇU DE L'ALGÈBRE LINÉAIRE

LES CALCULS NE SONT PAS AUSSI DIFFICILES QU'ILS EN ONT L'AIR.
ET UNE FOIS QU'ON A COMPRIS LES FONDAMENTAUX, LES CALCULS SONT TRÈS SIMPLES.
EN VRAI ?
JE NE DIRAI PAS QUE C'EST DU NIVEAU COLLÈGE, MAIS C'EST PAS LOIN.
OUF !! JE ME SENS SOULAGÉE...
TANT MIEUX !
MAIS DIS-MOI... C'EST QUOI EXACTEMENT L'ALGÈBRE LINÉAIRE ?
HMM...
EUH..
C'EST DUR DE BIEN RÉPONDRE À CETTE QUESTION.
AH BON ?
POURQUOI ?
EH BIEN... PARCE QUE C'EST ABSTRAIT, JUSTEMENT.
MAIS JE VAIS ESSAYER.

DE TROIS À DEUX DIMENSIONS
DE DEUX À TROIS DIMENSIONS
EN RESTANT EN DIMENSION DEUX
EN GROS, ON VEUT ASSOCIER À UN OBJET D'UN ESPACE DE DIMENSION n LA FORME QUI LUI CORRESPOND DANS UN ESPACE DE DIMENSION m.
OH !
ON AURA BESOIN DE MATRICES...
MATRICES
VECTEURS
DE VECTEURS...
ET ON CHERCHERA À COMPRENDRE LES NOTIONS CLEFS SUIVANTES :
· APPLICATIONS LINÉAIRES
· VALEURS PROPRES ET VECTEURS PROPRES
APPLICATIONS LINÉAIRES
VALEURS PROPRES ET VECTEURS PROPRES
JE VOIS...

MAIS...
?
CONCRÈTEMENT, ÇA SERT À QUOI ?
À L'EXTÉRIEUR DE L'UNIVERSITÉ, JE VEUX DIRE.
...
IL FALLAIT QUE TU ME POSES LA QUESTION QUI TUE, HEIN ?
EH ?
L'ALGÈBRE LINÉAIRE SERT INDIRECTEMENT DANS BEAUCOUP DE DOMAINES, COMME LA CONSTRUCTION PARASISMIQUE, LA RECHERCHE MÉDICALE, LA PROTECTION DE LA VIE MARINE ET L'INFOGRAPHIE...
MAIS ELLE N'A PAS D'INTÉRÊT PRATIQUE EN SOI, POUR ÊTRE VRAIMENT HONNÊTE.
OH ?
EN PLUS, LES MATHÉMATICIENS ET LES PHYSICIENS SONT LES SEULS À SAVOIR TIRER LE MAXIMUM DE CETTE THÉORIE.
OOOH !

DONC MÊME SI JE TRAVAILLE DUR, L'ALGÈBRE LINÉAIRE NE ME SERVIRA À RIEN ?
AH SI ! C'EST PAS CE QUE JE VOULAIS DIRE !
PAR EXEMPLE, ON ATTEND D'UN APPRENTI CUISINIER QU'IL SACHE DÉCOUPER UN POISSON EN FILETS, C'EST UNE COMPÉTENCE DE BASE.
C'EST PAREIL AVEC L'ALGÈBRE LINÉAIRE, TOUS LES ÉTUDIANTS EN MATHS ET EN SCIENCES DOIVENT SAVOIR L'UTILISER.
AH D'ACCORD...
ÇA FAIT PARTIE DES CHOSES À CONNAÎTRE, QU'ON LE VEUILLE OU NON.
IL NE FAUT PAS SE BRAQUER.
SI TU TRAVAILLES SÉRIEUSEMENT, TOUT IRA BIEN.
IL Y A AUSSI BEAUCOUP D'OUVRAGES UNIVERSITAIRES QUE TU NE COMPRENDRAS PAS SI TU NE CONNAIS PAS L'ALGÈBRE LINÉAIRE.
JE VAIS ESSAYER !

POUR NOS LEÇONS...
JE PENSE QUE LE MIEUX SERAIT D'APPRÉHENDER L'ALGÈBRE LINÉAIRE DANS SON ENSEMBLE.
APPLICATIONS LINÉAIRES
VALEURS PROPRES ET VECTEURS PROPRES
LA PLUPART DES COURS ET DES LIVRES SUR LE SUJET SONT REMPLIS DE CALCULS INTERMINABLES ET DE PREUVES LABORIEUSES.
CE QUI CONDUIT À...
JE VAIS LES ÉLIMINER AUTANT QUE POSSIBLE...
OUF !
...POUR QU'ON SE CONCENTRE SUR LES IDÉES CLEFS.
GÉNIAL !

BON, JE NE VOUDRAIS PAS T'ASSOMMER DE GÉNÉRALITÉS.
ON EN RESTE LÀ POUR AUJOURD'HUI ?
LA PROCHAINE FOIS, ON S'ATTAQUERA AUX FONDAMENTAUX.
OK.
DRING DRING
OUPS, C'EST MOI !
DRING DRING
C'EST MON FRÈRE.
OH ?
LE SENSEI TEXTOTE ?!
J'AURAIS PAS IMAGINÉ...
« RENTRE À LA MAISON »
HUM... PASSE-LUI MON BONJOUR !

2

LES FONDAMENTAUX

97
98
99
VOUS DEVEZ MAÎTRISER LES BASES !
GGNN
BAAM
F-FINI !
100...
TU RÊVES ! APRÈS LES POMPES, JE VEUX QUE TU TRAVAILLES TES JAMBES ! PASSE AUX FLEXIONS ! GO GO GO !
SALUT... J'AI PENSÉ QU'ON POURRAIT COMMENCER PAR...
REIJI ? TU N'AS PAS L'AIR DANS TON ASSIETTE...
ÇA VA ?
Ç-ÇA IRA. REGARDE UN PEU CE–

GARRRGL
AAAH—
PARDON ! J'AI UN P'TIT CREUX...
BIEN SÛR, C'EST NORMAL APRÈS AUTANT D'EFFORTS.
DONNE-MOI QUELQUES MINUTES...
BIEN SÛR, PRENDS TON TEMPS.
MIAM ! SCRONCH ! SCRONCH !
TRÈS BIEN, ALLONS-Y.
REGARDE UN PEU ÇA.

ALGÈBRE LINÉAIRE
BASES
FONDAMENTAUX
MILIEU
MATRICES
VECTEURS
BUT
APPLICATIONS LINÉAIRES
VALEURS PROPRES ET VECTEURS PROPRES
J'AI DESSINÉ LE PLAN DU COURS.
WAOUH !
AUJOURD'HUI, ON VA RÉVISER LES MATHS ÉLÉMENTAIRES QUI SERVENT EN ALGÈBRE LINÉAIRE.
PLAN DU COURS
FONDAMENTAUX
MATRICES
VECTEURS
ON VA COMMENCER EN DOUCEUR ET ALLER PETIT À PETIT VERS LES NOTIONS PLUS ABSTRAITES, OK ?
T'INQUIÈTE PAS, TOUT IRA BIEN.
D'ACCORD.

ENSEMBLES DE NOMBRES

NOMBRES COMPLEXES

Les nombres complexes s'écrivent sous la forme

$a + b\,i$

où a et b sont des réels et i est l'*imaginaire pur* défini par $i^2 = -1$.

a s'appelle la *partie réelle* et b la *partie imaginaire*.

NOMBRES RÉELS			IMAGINAIRES PURS
ENTIERS RELATIFS	RATIONNELS * (hors entiers relatifs)	IRRATIONNELS	
• entiers naturels (dont 0) • entiers négatifs	• à écriture décimale finie, comme 2,3 • à écriture décimale périodique, comme 0,333...	nombres comme π et $\sqrt{2}$ dont les décimales ne suivent pas de cycle et ne s'arrêtent jamais	nombres complexes de partie réelle nulle, comme $0 + b\,i$, où b est un réel non nul

* On appelle *nombres rationnels* ceux qui peuvent s'écrire sous la forme p/q où p et q sont des entiers et q n'est pas nul. Les entiers sont des cas particuliers de nombres rationnels.

DONC...
$x^2+5 = x^2-(-5) = (x+\sqrt{5}i)(x-\sqrt{5}i) = 0$
AVEC CE NOUVEAU SYMBOLE, ON PEUT DONNER DES SOLUTIONS À UNE ÉQUATION QUI N'EN AVAIT PAS.
MAIS POUR QUOI FAIRE ? JE NE VOIS VRAIMENT PAS L'INTÉRÊT.
JE COMPRENDS CE QUE TU VEUX DIRE !
MAIS LES COMPLEXES SE RÉVÈLENT UTILES DANS DES DOMAINES TRÈS VARIÉS.
SOUPIR
JE VAIS DEVOIR M'Y HABITUER, JE SUPPOSE...
LAISSONS-LES DE CÔTÉ POUR LE MOMENT. ON N'EN A PAS BESOIN POUR EXPLIQUER LES NOTIONS D'ALGÈBRE VRAIMENT IMPORTANTES.
MERCI !

IMPLICATION ET ÉQUIVALENCE

PROPOSITIONS

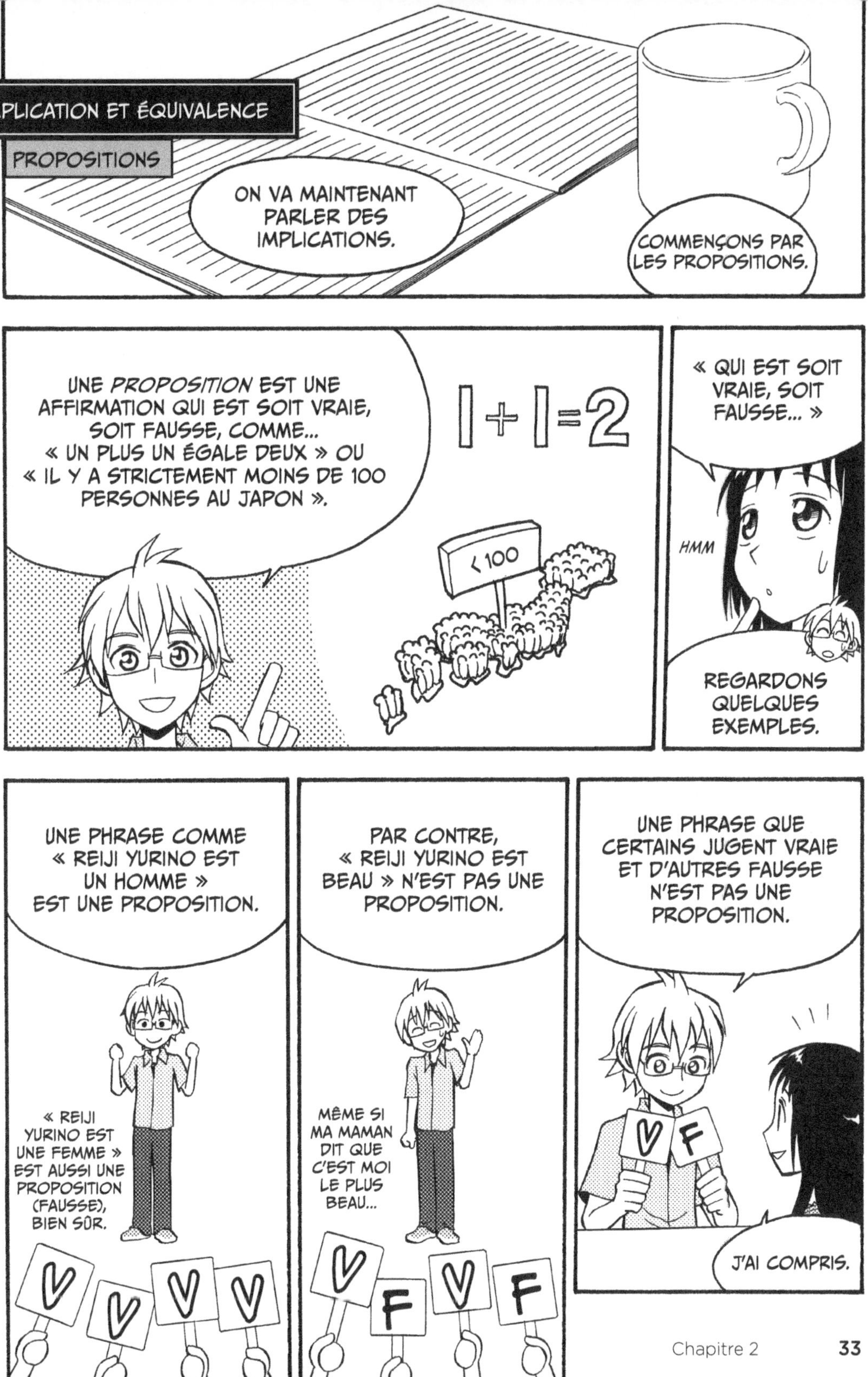

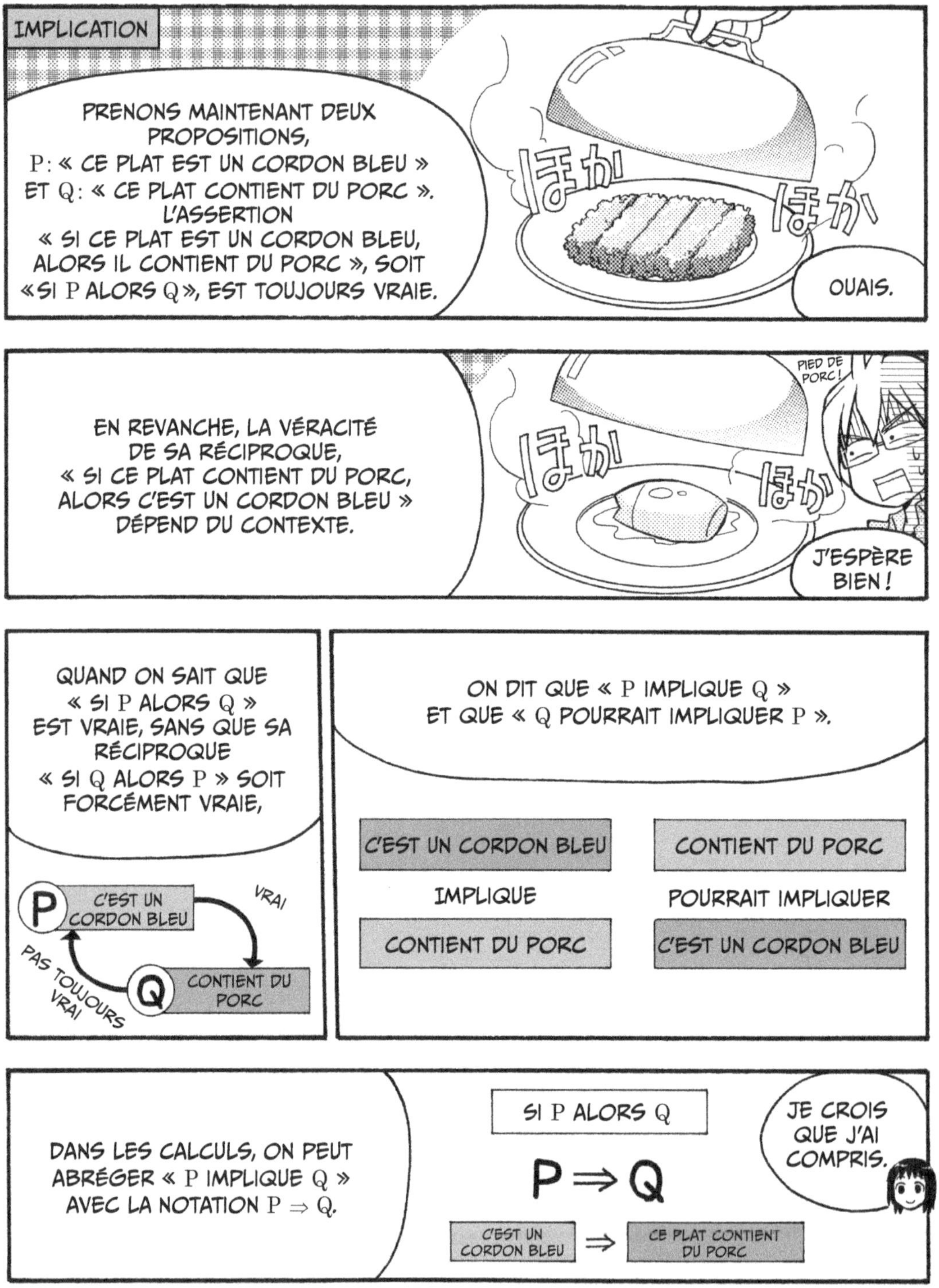
IMPLICATION
PRENONS MAINTENANT DEUX PROPOSITIONS, P : « CE PLAT EST UN CORDON BLEU » ET Q : « CE PLAT CONTIENT DU PORC ». L'ASSERTION « SI CE PLAT EST UN CORDON BLEU, ALORS IL CONTIENT DU PORC », SOIT « SI P ALORS Q », EST TOUJOURS VRAIE.
ほか ほか
OUAIS.
EN REVANCHE, LA VÉRACITÉ DE SA RÉCIPROQUE, « SI CE PLAT CONTIENT DU PORC, ALORS C'EST UN CORDON BLEU » DÉPEND DU CONTEXTE.
ほか ほか
PIED DE PORC !
J'ESPÈRE BIEN !
QUAND ON SAIT QUE « SI P ALORS Q » EST VRAIE, SANS QUE SA RÉCIPROQUE « SI Q ALORS P » SOIT FORCÉMENT VRAIE,
P C'EST UN CORDON BLEU
VRAI
Q CONTIENT DU PORC
PAS TOUJOURS VRAI
ON DIT QUE « P IMPLIQUE Q » ET QUE « Q POURRAIT IMPLIQUER P ».
C'EST UN CORDON BLEU
IMPLIQUE
CONTIENT DU PORC
CONTIENT DU PORC
POURRAIT IMPLIQUER
C'EST UN CORDON BLEU
DANS LES CALCULS, ON PEUT ABRÉGER « P IMPLIQUE Q » AVEC LA NOTATION P ⇒ Q.
SI P ALORS Q
P ⇒ Q
C'EST UN CORDON BLEU ⇒ CE PLAT CONTIENT DU PORC
JE CROIS QUE J'AI COMPRIS.

ÉQUIVALENCE
QUAND LES DEUX PROPOSITIONS « SI P ALORS Q » ET « SI Q ALORS P » SONT VRAIES,
C'EST-À-DIRE SI $P \Rightarrow Q$ ET $Q \Rightarrow P$ SONT TOUTES DEUX VRAIES,
ALORS LES PROPOSITIONS P ET Q SONT *ÉQUIVALENTES.*
C'EST COMME SI LES SYMBOLES D'IMPLICATION POINTAIENT DES DEUX CÔTÉS EN MÊME TEMPS ?
EXACTEMENT !
PRENONS UN EXEMPLE.
T'INQUIÈTE, TU VAS BIENTÔT GRANDIR...
P
REIJI EST PLUS PETIT QUE TETSUO.
Q
TETSUO EST PLUS GRAND QUE REIJI.
ET VOICI LE SYMBOLE DE L'ÉQUIVALENCE.
$P \Leftrightarrow Q$
OK !
REIJI EST PLUS PETIT QUE TETSUO $\Leftrightarrow$ TETSUO EST PLUS GRAND QUE REIJI

THÉORIE DES ENSEMBLES
LES ENSEMBLES
UN AUTRE DOMAINE IMPORTANT EST LA THÉORIE DES ENSEMBLES.
AH OUI... JE PENSE QU'ON L'A VUE AU LYCÉE.
SÛREMENT, MAIS REVOYONS-LA QUAND MÊME.
GLISSE
COMME TU LE DEVINES, UN *ENSEMBLE* EST UNE COLLECTION DE CHOSES.
CES CHOSES QUI CONSTITUENT L'ENSEMBLE SONT SES *ÉLÉMENTS* OU SES *OBJETS*.
HA HA, OK.
VOICI DEUX EXEMPLES.

Exemple 1

Shikoku, l'une des quatre grandes îles du Japon, peut être vue comme un ensemble comprenant quatre *ken* (« préfectures » en japonais) :

- Kagawa-ken
- Ehime-ken
- Kochi-ken
- Tokushima-ken

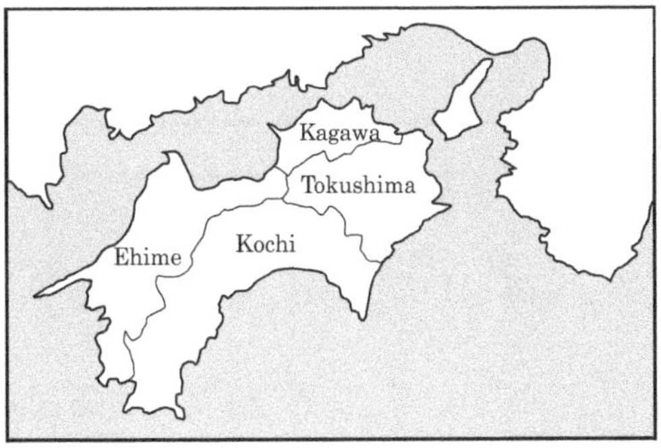

Exemple 2

L'ensemble des entiers pairs compris (au sens large) entre 1 et 10 contient cinq éléments :

- 2
- 4
- 6
- 8
- 10

NOTATIONS
L'ENSEMBLE DES NOMBRES PAIRS COMPRIS ENTRE 1 ET 10 PEUT SE REPRÉSENTER COMME ÇA :
NOMBRES PAIRS ENTRE 1 ET 10
2 4 6 8 10
1 3 5 7 9
IL Y A DEUX MANIÈRES USUELLES D'ÉCRIRE CET ENSEMBLE :
$\{2, 4, 6, 8, 10\}$
$\{2n \mid n = 1, 2, 3, 4, 5\}$
« L'ENSEMBLE DES $2n$ TELS QUE n=1, 2, 3, 4 OU 5 »
MMM...
ET IL EST PRATIQUE DE DONNER UN NOM À UN ENSEMBLE, PAR EXEMPLE X.
LA DÉFINITION S'ÉCRIT DONC :
$X = \{2, 4, 6, 8, 10\}$
$X = \{2n \mid n = 1, 2, 3, 4, 5\}$
PRATIQUE !
VOICI COMMENT ON NOTE QUE « L'ÉLÉMENT x APPARTIENT À L'ENSEMBLE X » :
OK.
$x \in X$
PAR EXEMPLE,
EHIME-KEN $\in$ SHIKOKU

LES PARTIES
ENSUITE, IL Y A LES PARTIES.
SUPPOSONS QUE TOUS LES ÉLÉMENTS DE L'ENSEMBLE X APPARTIENNENT AUSSI À L'ENSEMBLE Y.
ENSEMBLE Y (JAPON)
HOKKAIDO
AOMORI-KEN
IWATE-KEN
MIYAGI-KEN
AKITA-KEN
YAMAGATA-KEN
FUKUSHIMA-KEN
IBARAKI-KEN
TOCHIGI-KEN
GUNMA-KEN
SAITAMA-KEN
CHIBA-KEN
TOKYO-TO
KANAGAWA-KEN
NIIGATA-KEN
TOYAMA-KEN
ISHIKAWA-KEN
FUKUI-KEN
YAMANASHI-KEN
NAGANO-KEN
GIFU-KEN
SHIZUOKA-KEN
AICHI-KEN
MIE-KEN
SHIGA-KEN
KYOTO-FU
OSAKA-FU
HYOGO-KEN
NARA-KEN
WAKAYAMA-KEN
TOTTORI-KEN
SHIMANE-KEN
OKAYAMA-KEN
HIROSHIMA-KEN
YAMAGUCHI-KEN
FUKUOKA-KEN
SAGA-KEN
NAGASAKI-KEN
KUMAMOTO-KEN
OOITA-KEN
MIYAZAKI-KEN
KAGOSHIMA-KEN
OKINAWA-KEN
ENSEMBLE X (SHIKOKU)
KAGAWA-KEN
EHIME-KEN
KOCHI-KEN
TOKUSHIMA-KEN
ALORS X EST UNE *PARTIE*, OU UN *SOUS-ENSEMBLE*, DE Y.
ÇA SE NOTE COMME ÇA :
$X \subset Y$
D'ACCORD.
PAR EXEMPLE, SHIKOKU ⊂ JAPON

Exemple 1

Si $X = \{4, 10\}$
et $Y = \{2, 4, 6, 8, 10\}$
alors X est une partie de Y car tous les éléments de X sont aussi dans Y. En revanche, Y n'est pas une partie de X car il contient des éléments qui ne sont pas dans X.

$X \subset Y$ et $Y \not\subset X$ (« Y n'est pas inclus dans X »)

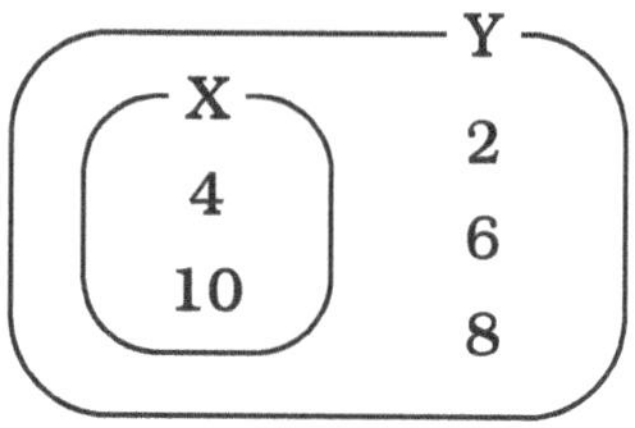

Exemple 2

Échangeons les ensembles X et Y :

$X = \{2, 4, 6, 8, 10\}$
$Y = \{4, 10\}$

Cette fois, c'est Y qui est une partie de X tandis que X n'est pas une sous-partie de Y.

$Y \subset X$ et $X \not\subset Y$

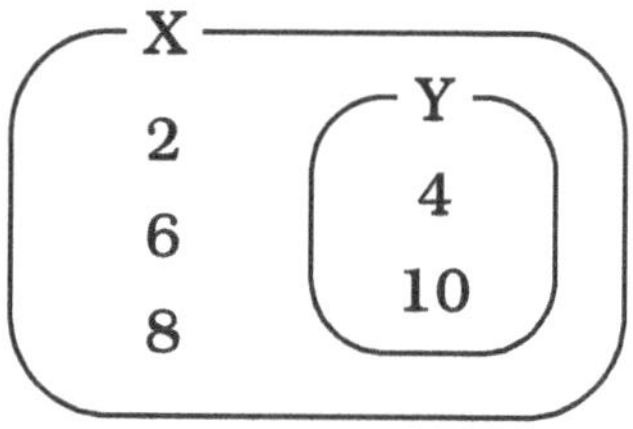

Exemple 3

Considérons maintenant deux ensembles identiques :

$X = \{2, 4, 6, 8, 10\}$
$Y = \{2, 4, 6, 8, 10\}$

X est une partie de Y, et Y est une partie de X : chacun est une partie de l'autre.

$X \subset Y$ et $Y \subset X$

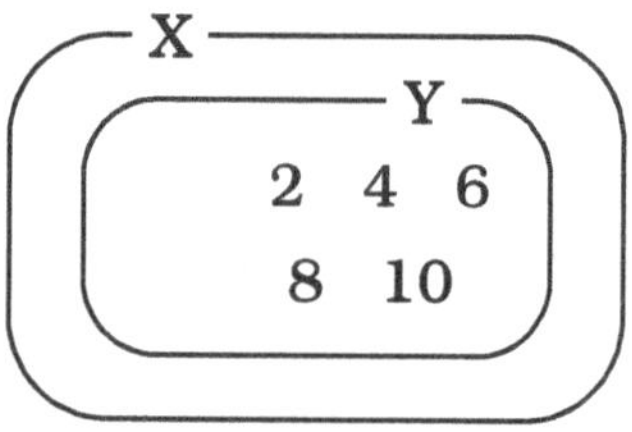

Exemple 4

Considérons enfin les ensembles disjoints suivants :

$X = \{2, 6, 10\}$
$Y = \{4, 8\}$

Ni X ni Y n'est une partie de l'autre.

$X \not\subset Y$ et $Y \not\subset X$

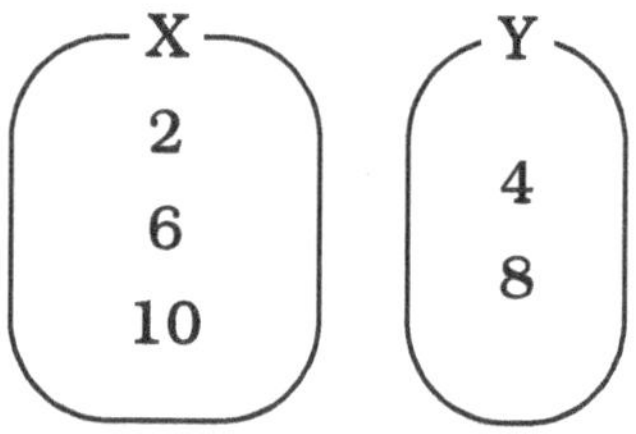

FONCTIONS

IL FAUT AUSSI QUE L'ON PARLE DES FONCTIONS ET DES NOTIONS ASSOCIÉES.
FONCTIONS
C'EST ASSEZ ABSTRAIT...
MAIS TOUT IRA BIEN SI TU PRENDS LE TEMPS DE RÉFLÉCHIR SUR CHAQUE IDÉE NOUVELLE.
COMPRIS.
COMMENÇONS PAR UN EXEMPLE.
ÇA ME VA.

IMAGINE LE SCÉNARIO SUIVANT :
SENSEI ICHINOSE, DE BONNE HUMEUR, DÉCIDE D'EMMENER AU RESTAURANT LES NOUVELLES RECRUES.
ON LE SUIT AU PAS DE COURSE.
SUIVEZ-MOI !
VOICI LE MENU.
NOUILLES 500 YENS
CURRY 700 YENS
PORC PANÉ 1000 YENS
ANGUILLE GRILLÉE 1500 YENS
MAIS IL Y A UN PROBLÈME.
QUE VEUX-TU DIRE ?
COMME C'EST LUI QUI PAYE, IL A SON MOT À DIRE SUR LES COMMANDES.
?
ÇA POURRAIT DONNER ÇA :

ON NE POURRAIT PAS VRAIMENT REFUSER, S'IL NOUS DISAIT DE PRENDRE LE PLAT LE MOINS CHER.
NOUILLES POUR TOUT LE MONDE !
YURINO
YOSHIDA
YAJIMA
TOMIYAMA
NOUILLES
CURRY
PORC PANÉ
ANGUILLE GRILLÉE
OU S'IL VOULAIT QUE L'ON COMMANDE DES PLATS TOUS DIFFÉRENTS.
COMMANDEZ DES PLATS DIFFÉRENTS !
YURINO
YOSHIDA
YAJIMA
TOMIYAMA
NOUILLES
CURRY
PORC PANÉ
ANGUILLE GRILLÉE

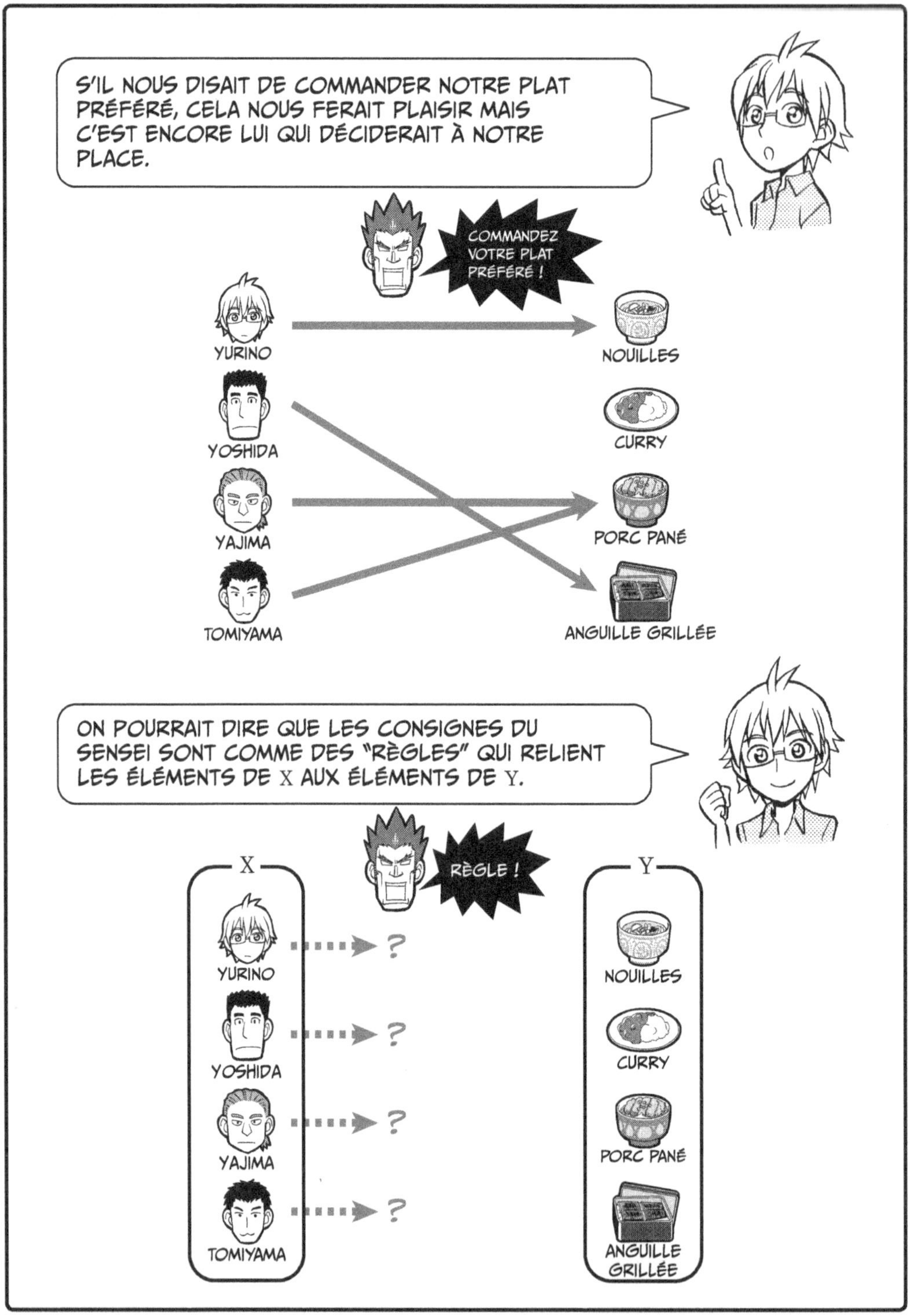
S'IL NOUS DISAIT DE COMMANDER NOTRE PLAT PRÉFÉRÉ, CELA NOUS FERAIT PLAISIR MAIS C'EST ENCORE LUI QUI DÉCIDERAIT À NOTRE PLACE.
COMMANDEZ VOTRE PLAT PRÉFÉRÉ !
YURINO
YOSHIDA
YAJIMA
TOMIYAMA
NOUILLES
CURRY
PORC PANÉ
ANGUILLE GRILLÉE
ON POURRAIT DIRE QUE LES CONSIGNES DU SENSEI SONT COMME DES "RÈGLES" QUI RELIENT LES ÉLÉMENTS DE X AUX ÉLÉMENTS DE Y.
RÈGLE !
X
YURINO
YOSHIDA
YAJIMA
TOMIYAMA
?
?
?
?
Y
NOUILLES
CURRY
PORC PANÉ
ANGUILLE GRILLÉE

Fonction

Une règle qui relie des éléments de X à des éléments de Y, de sorte que chaque élément de X soit associé à au plus un élément de Y, est appelée une « *fonction* de X dans Y » (d'où la notation usuelle f). X s'appelle l'*ensemble de départ* de la fonction et Y son *ensemble d'arrivée*.

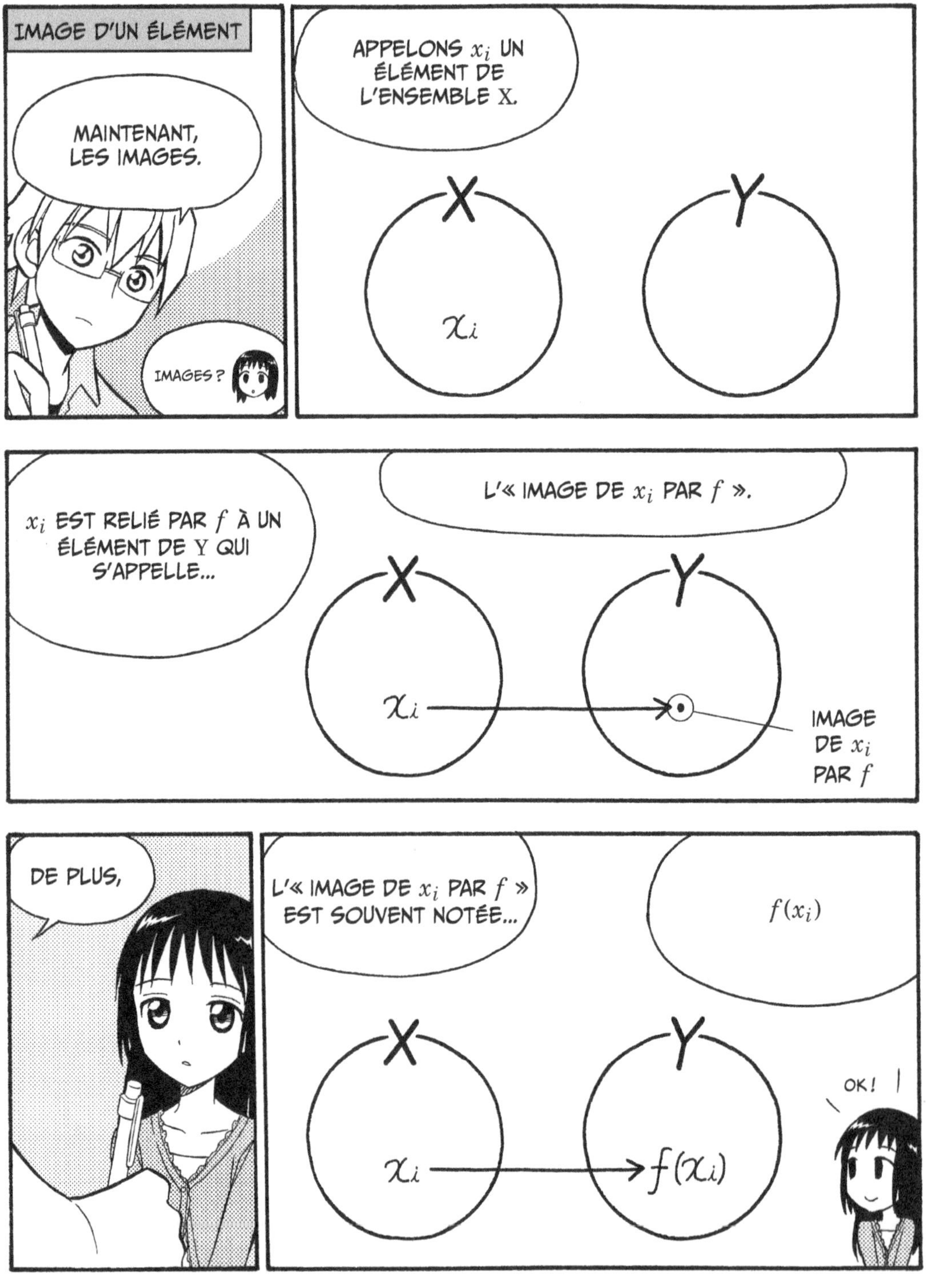
IMAGE D'UN ÉLÉMENT
MAINTENANT, LES IMAGES.
IMAGES ?
APPELONS x_i UN ÉLÉMENT DE L'ENSEMBLE X.
X
Y
x_i
x_i EST RELIÉ PAR f À UN ÉLÉMENT DE Y QUI S'APPELLE...
L'« IMAGE DE x_i PAR f ».
X
Y
x_i
IMAGE DE x_i PAR f
DE PLUS,
L'« IMAGE DE x_i PAR f » EST SOUVENT NOTÉE...
$f(x_i)$
X
Y
x_i
$f(x_i)$
OK !

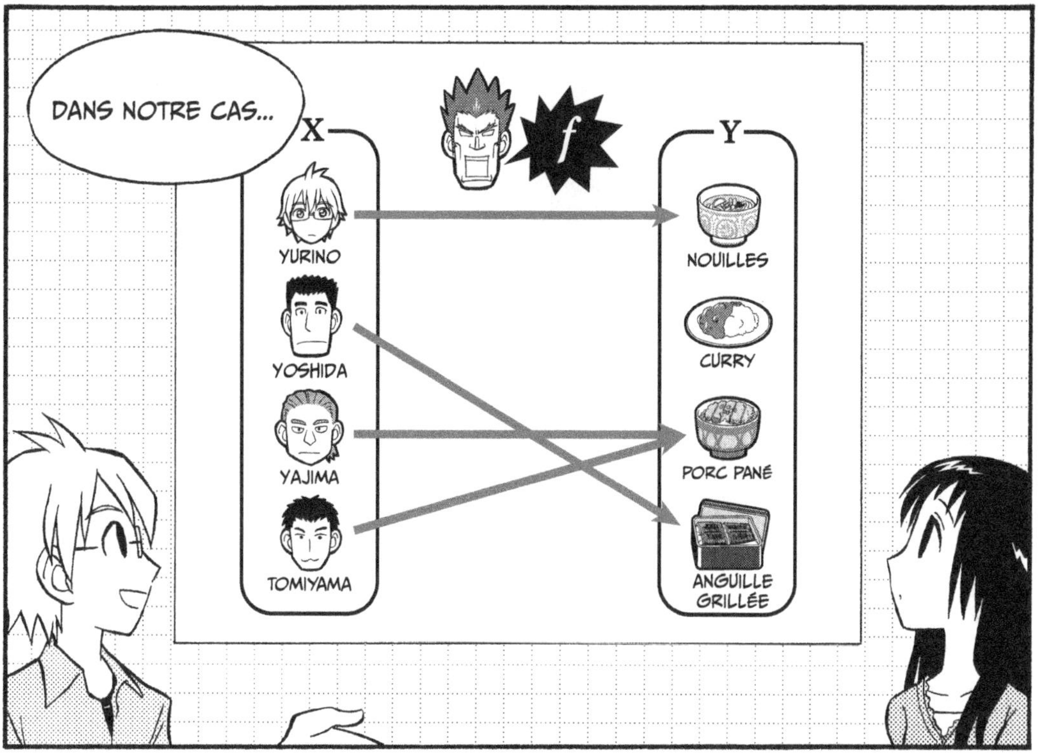

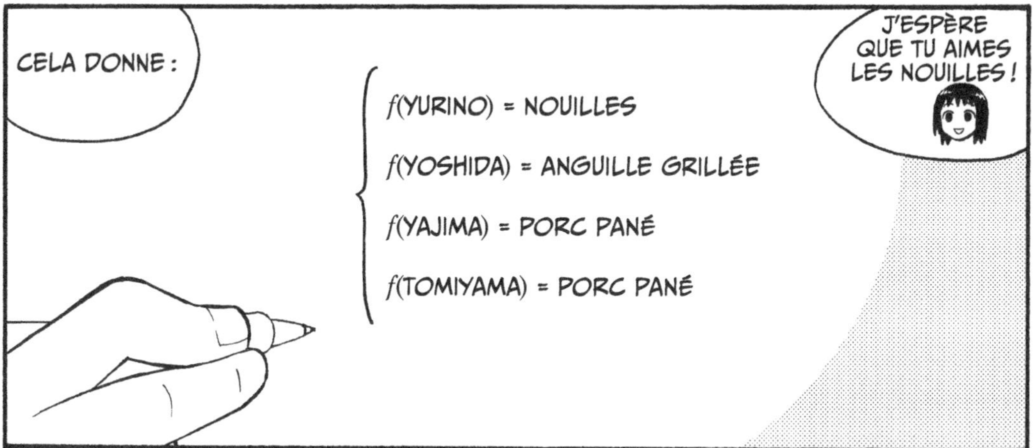

Image d'un élément

En appliquant la fonction f à un élément x_i de X, on obtient un élément de Y qui s'appelle l'*image* de x_i par f.

À PROPOS, TU TE SOUVIENS D'AVOIR VU DES FORMULES DE CE TYPE AU LYCÉE ?
?
OH... OUI, BIEN SÛR.
f(x)=2x-1
EST-CE QUE TU T'ES DÉJÀ DEMANDÉ POURQUOI...
...ON EMPLOYAIT TOUJOURS CE $f(x)$ BIZARRE ALORS QU'ON AURAIT PU UTILISER TOUT SIMPLEMENT y À LA PLACE ?
« ON S'EN MOQUE ! POUR APPLIQUER LA FORMULE À 2, J'ÉCRIS $f(2)$ ET... »
DANS LA TÊTE DE MISA
À VRAI DIRE... OUI !

BON, VOICI POURQUOI.
LE VRAI SENS DE L'ÉCRITURE $f(x) = 2x - 1$ EST LE SUIVANT :
LA FONCTION f EST UNE RÈGLE QUI DIT :
« L'ÉLÉMENT x DE L'ENSEMBLE X EST ASSOCIÉ À L'ÉLÉMENT $2x - 1$ DE L'ENSEMBLE Y. »
X
Y
x
$2x-1$
OH !
C'EST ÇA QUE ÇA VOULAIT DIRE !
POUR CALCULER $f(2)$, ON REMPLACE x PAR 2 :
JE COMMENCE À COMPRENDRE !
L'image de 2 par la fonction f est $2 \times 2 - 1$.
X
Y
2
$2 \cdot 2-1$
DONC ON UTILISAIT DÉJÀ DES FONCTIONS AU LYCÉE ?
EXACT !

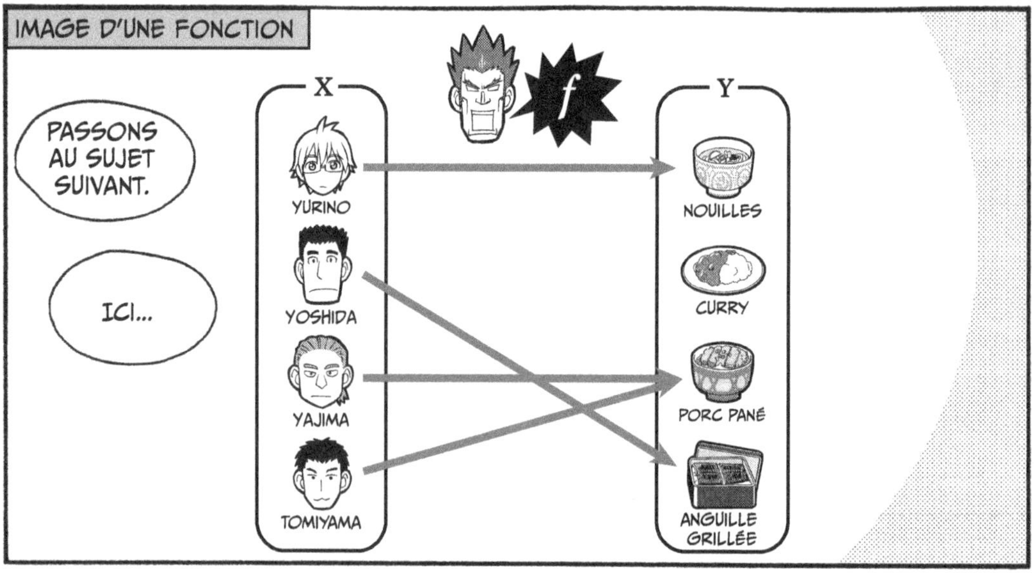

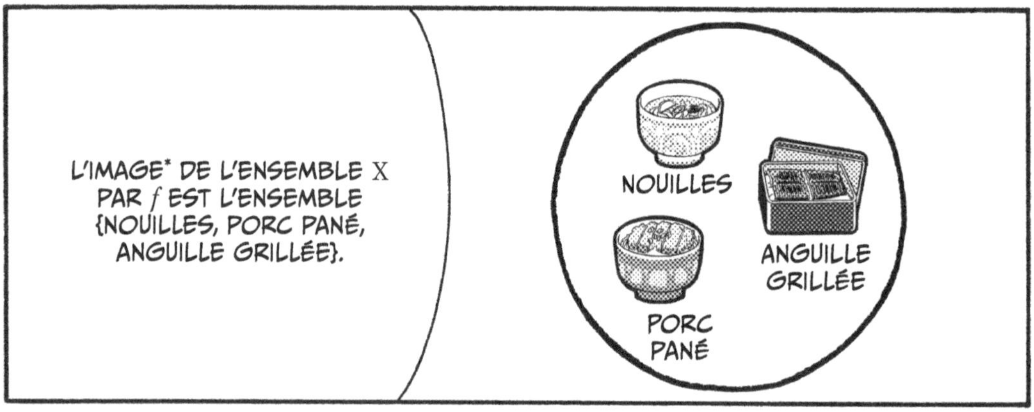

* À LA PAGE PRÉCÉDENTE, ON A VU L'IMAGE D'UN *ÉLÉMENT* DE X. ON ÉTEND MAINTENANT LA NOTION À L'*ENSEMBLE* X TOUT ENTIER. L'IMAGE DE X EST L'ENSEMBLE DES ÉLÉMENTS DE Y QUI SONT IMAGE D'AU MOINS UN ÉLÉMENT DE X.

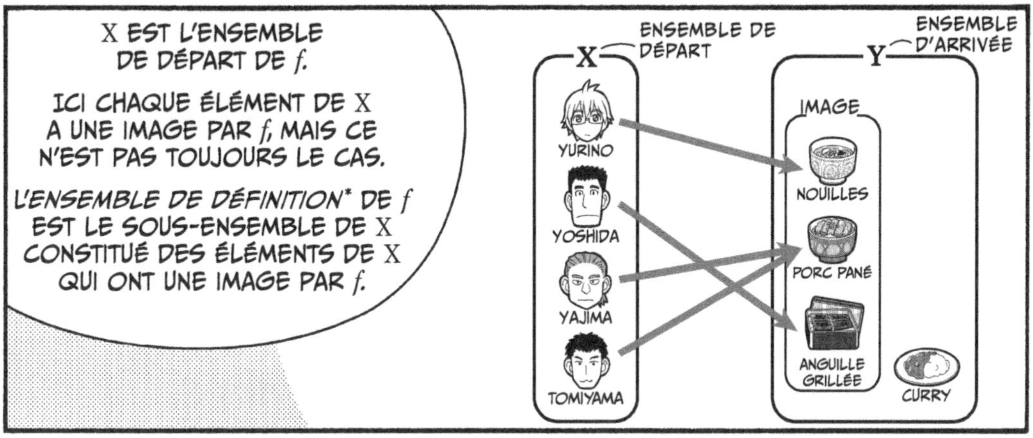

Image et ensemble d'arrivée

Dans l'exemple, personne n'a choisi le curry. L'*ensemble d'arrivée* de f est l'ensemble des images possibles pour f, il contient le curry ; l'*image* de f est l'ensemble des valeurs réellement prises dans l'ensemble d'arrivée, elle ne contient pas le curry.

Plus généralement, l'ensemble $\{f(x_1), f(x_2), \ldots, f(x_n)\}$ des images de f est inclus dans l'ensemble d'arrivée de f :

$$\{f(x_1), f(x_2), \ldots, f(x_n)\} \subset \mathrm{Y}$$

Dans le cas particulier où chaque élément de Y est l'image d'au moins un élément de X, l'image de f coïncide avec l'ensemble d'arrivée :

$$\{f(x_1), f(x_2), \ldots, f(x_n)\} = \mathrm{Y}$$

* L'USAGE FRANÇAIS EST D'APPELER *APPLICATION* UNE FONCTION DONT L'ENSEMBLE DE DÉFINITION COÏNCIDE AVEC SON ENSEMBLE DE DÉPART.

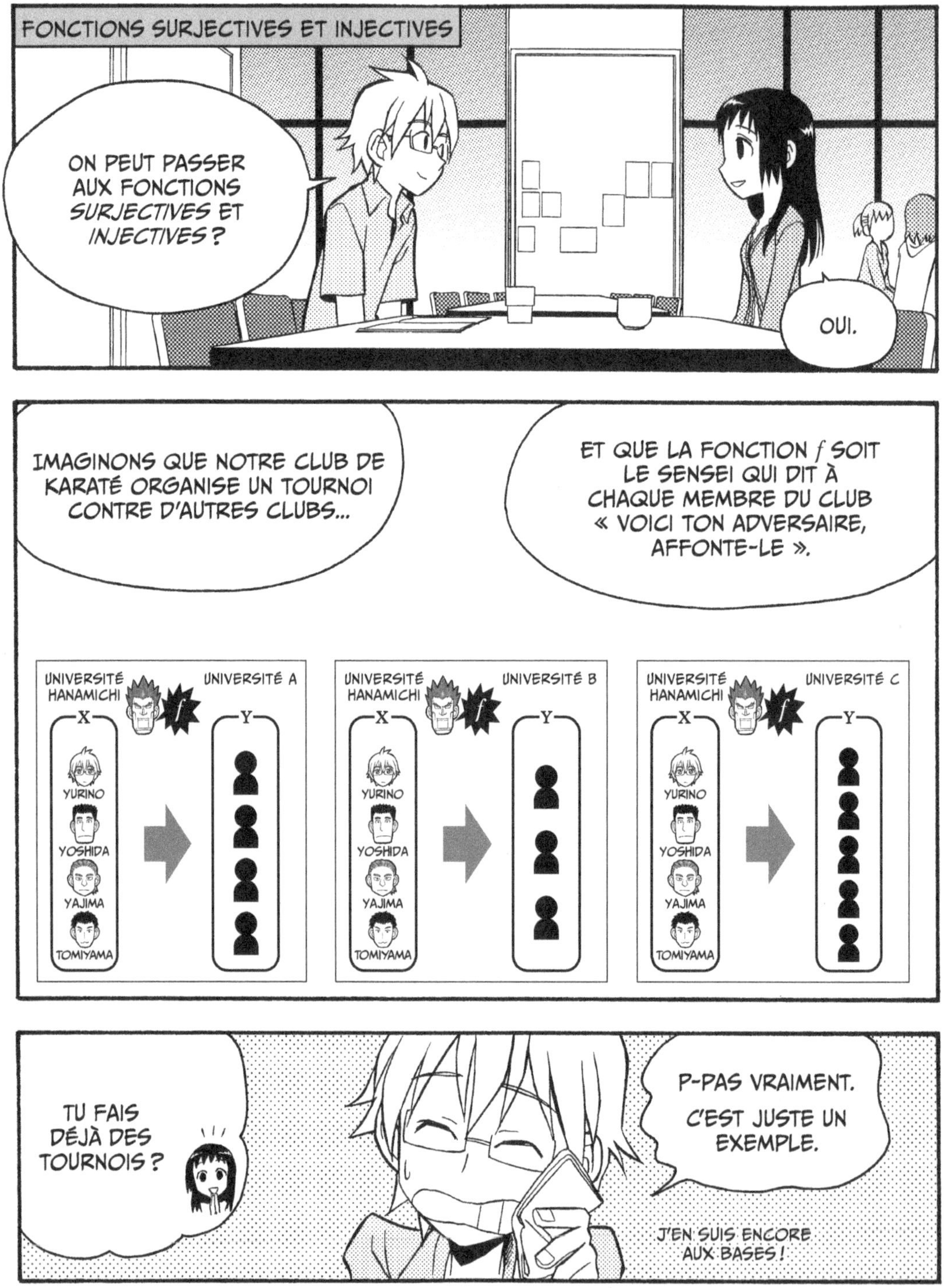
FONCTIONS SURJECTIVES ET INJECTIVES
ON PEUT PASSER AUX FONCTIONS *SURJECTIVES* ET *INJECTIVES* ?
OUI.
IMAGINONS QUE NOTRE CLUB DE KARATÉ ORGANISE UN TOURNOI CONTRE D'AUTRES CLUBS...
ET QUE LA FONCTION f SOIT LE SENSEI QUI DIT À CHAQUE MEMBRE DU CLUB « VOICI TON ADVERSAIRE, AFFONTE-LE ».
UNIVERSITÉ HANAMICHI
UNIVERSITÉ A
X
Y
f
YURINO
YOSHIDA
YAJIMA
TOMIYAMA
UNIVERSITÉ HANAMICHI
UNIVERSITÉ B
X
Y
f
YURINO
YOSHIDA
YAJIMA
TOMIYAMA
UNIVERSITÉ HANAMICHI
UNIVERSITÉ C
X
Y
f
YURINO
YOSHIDA
YAJIMA
TOMIYAMA
TU FAIS DÉJÀ DES TOURNOIS ?
P-PAS VRAIMENT.
C'EST JUSTE UN EXEMPLE.
J'EN SUIS ENCORE AUX BASES !

FONCTIONS SURJECTIVES

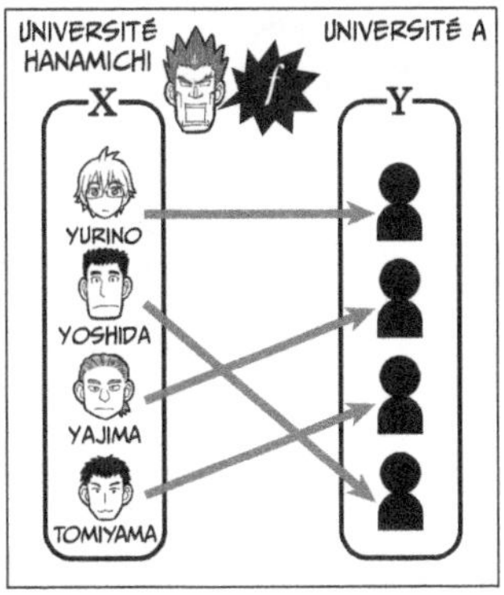

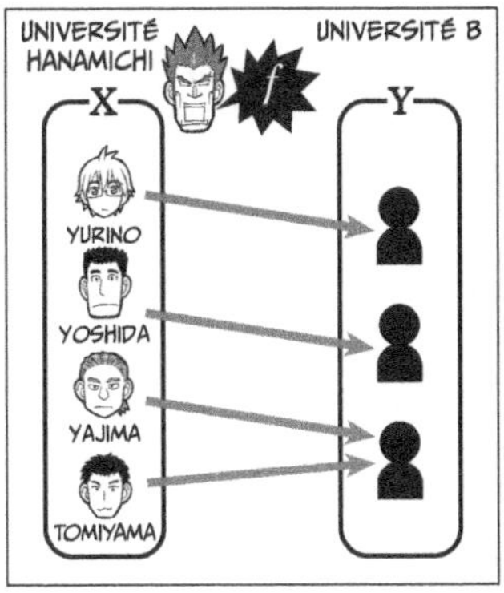

FONCTIONS INJECTIVES

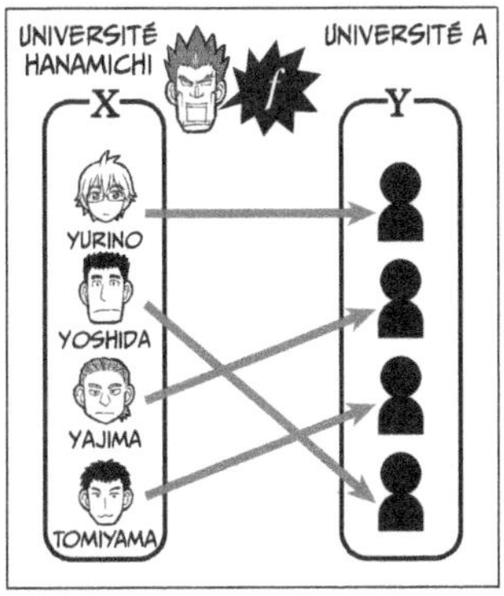

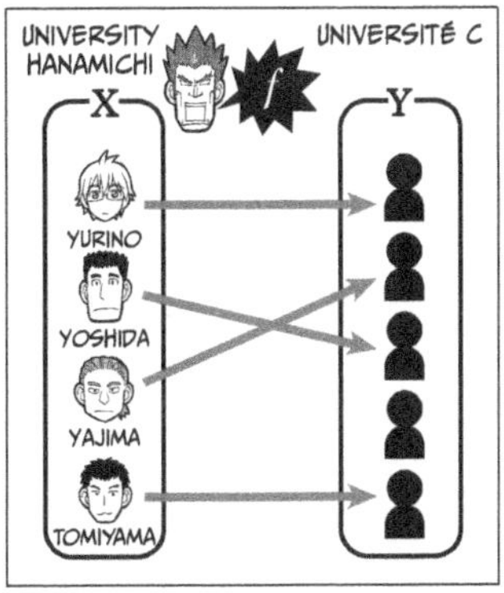

FONCTIONS BIJECTIVES

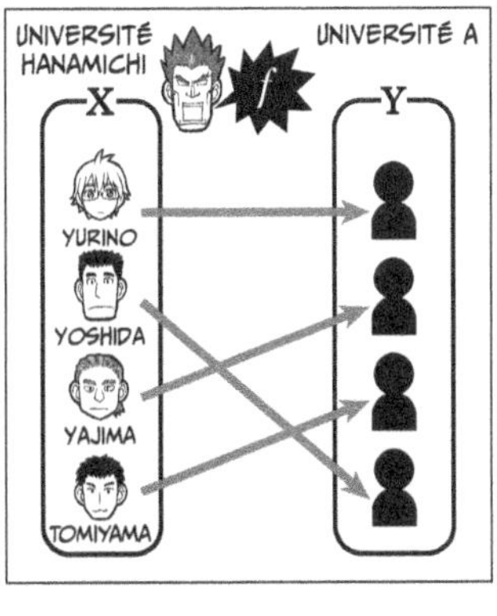

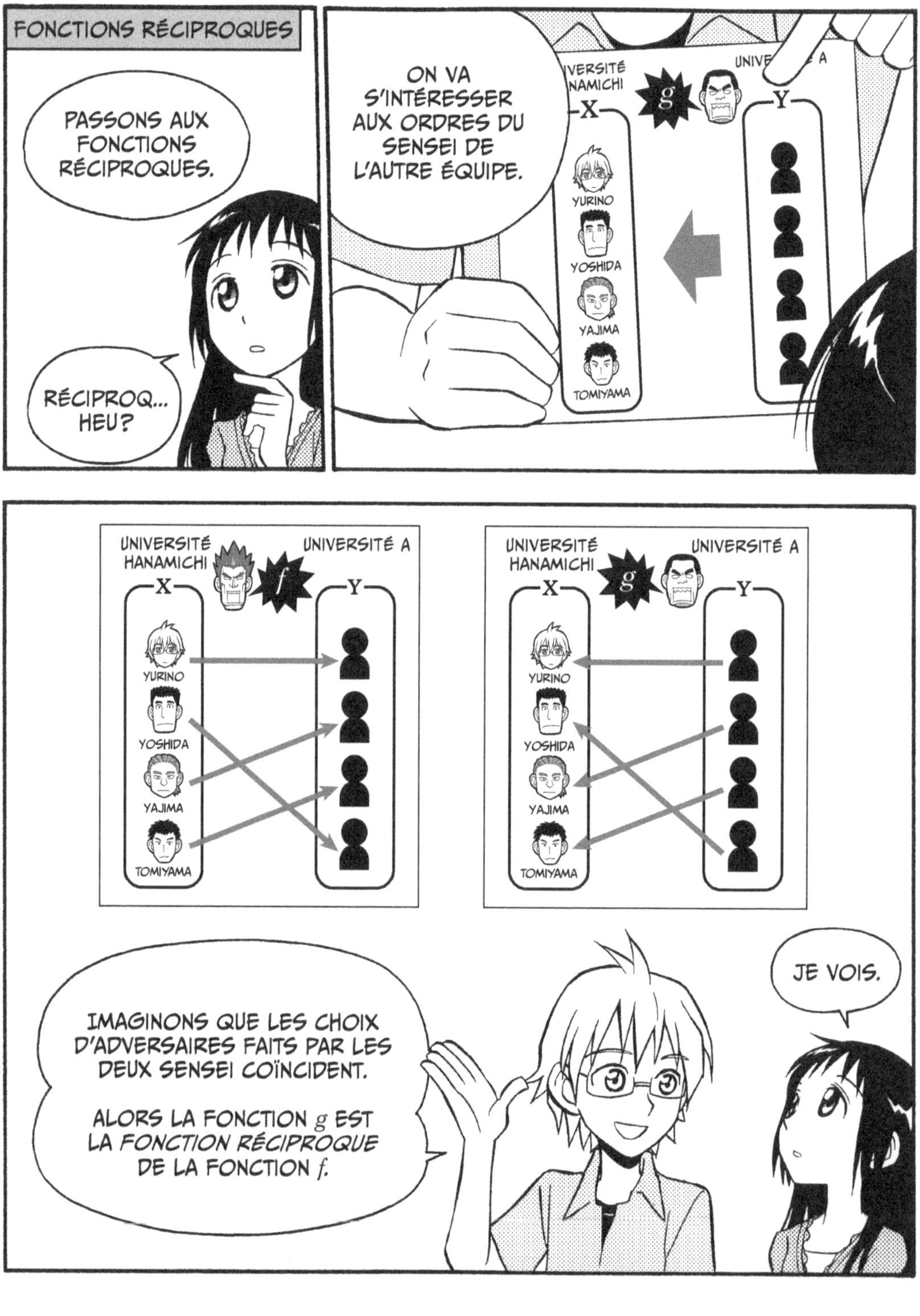
FONCTIONS RÉCIPROQUES
PASSONS AUX FONCTIONS RÉCIPROQUES.
RÉCIPROQ... HEU?
ON VA S'INTÉRESSER AUX ORDRES DU SENSEI DE L'AUTRE ÉQUIPE.
X
Y
YURINO
YOSHIDA
YAJIMA
TOMIYAMA
UNIVERSITÉ HANAMICHI
UNIVERSITÉ A
X
Y
YURINO
YOSHIDA
YAJIMA
TOMIYAMA
UNIVERSITÉ HANAMICHI
UNIVERSITÉ A
X
Y
YURINO
YOSHIDA
YAJIMA
TOMIYAMA
IMAGINONS QUE LES CHOIX D'ADVERSAIRES FAITS PAR LES DEUX SENSEI COÏNCIDENT.
ALORS LA FONCTION g EST LA *FONCTION RÉCIPROQUE* DE LA FONCTION f.
JE VOIS.

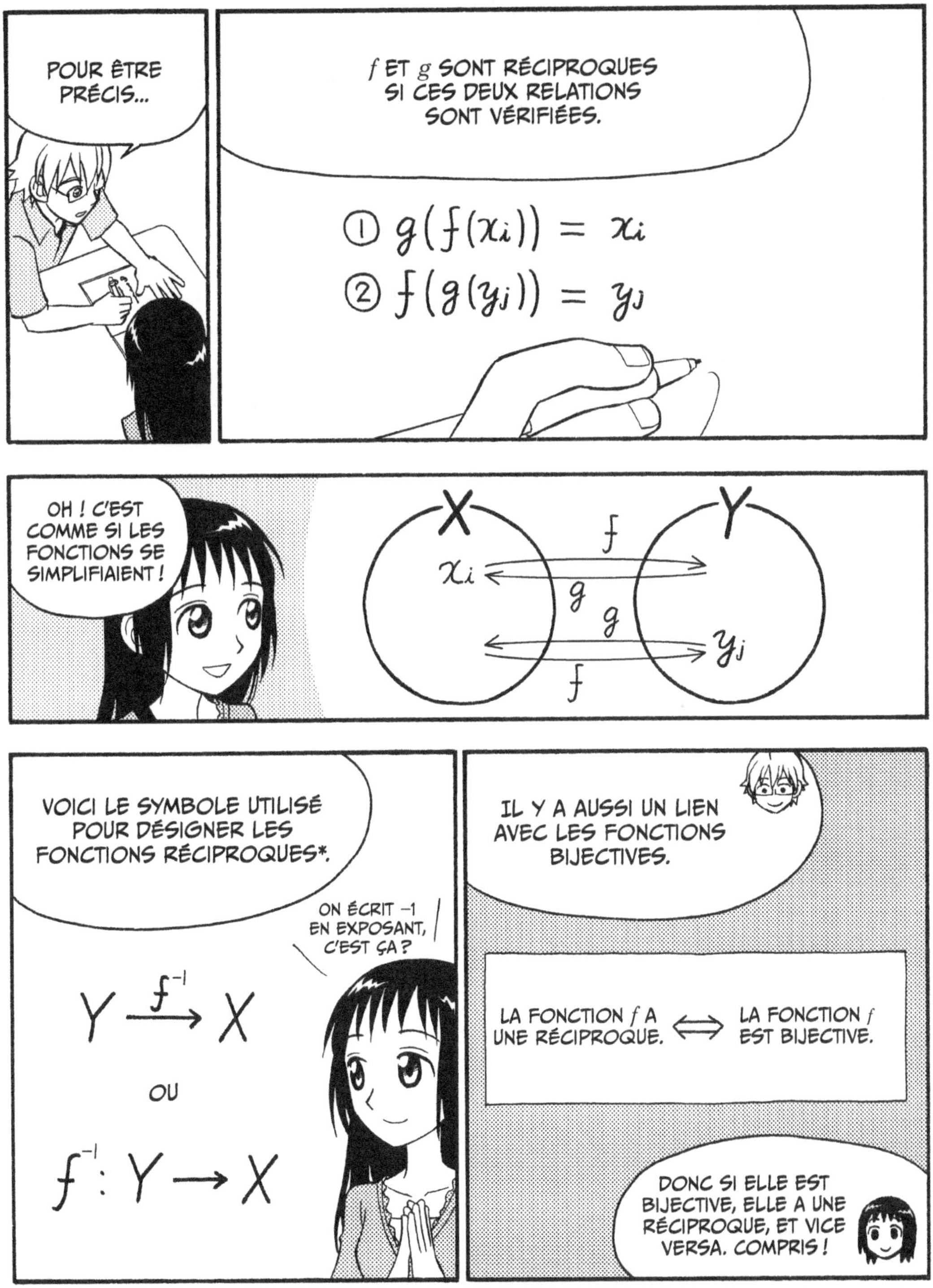

* POUR UNE FONCTION, LA NOTATION « −1 EN EXPOSANT » DÉSIGNE TOUJOURS LA RÉCIPROQUE, JAMAIS L'INVERSE $1/f$.

APPLICATIONS LINÉAIRES
JE SAIS QU'IL EST TARD, MAIS J'AIMERAIS QU'ON PARLE AUSSI DES APPLICATIONS LINÉAIRES, SI ÇA TE VA.
DES APPLICATIONS LINÉAIRES ? C'EST QUOI ?
BASES
FONDAMENTAUX
MILIEU
MATRICES
BUT
APPLICATIONS LINÉAIRES
VECTEURS PROPRES
AH OUI, C'EST L'UN DES OBJECTIFS.
ON EN EST DÉJÀ LÀ ?
NON, POUR LE MOMENT ON VA JUSTE Y JETER UN ŒIL.
ON DÉTAILLERA PLUS TARD.
MAIS ACCROCHE-TOI PARCE QU'À PARTIR DE MAINTENANT, ÇA VA ÊTRE ASSEZ ABSTRAIT !
O-OK !

Applications linéaires

Une fonction f d'un ensemble X dans un ensemble Y est une *application linéaire* de X dans Y si elle satisfait les deux conditions suivantes pour tous x_i et x_j dans X et pour tout réel c :

❶ $f(x_i) + f(x_j) = f(x_i + x_j)$

❷ $f(c x_i) = c f(x_i)$

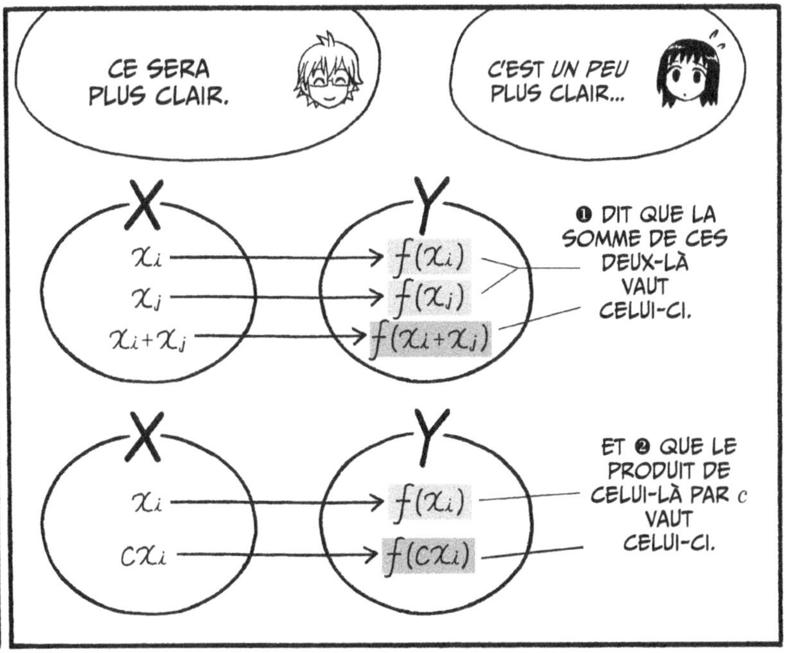

Un exemple d'application linéaire

La fonction $f : x \mapsto 2x$ est une application linéaire car elle satisfait les conditions ❶ et ❷ :

condition ❶
$$\begin{aligned} f(x_i) + f(x_j) &= (2x_i) + (2x_j) = 2x_i + 2x_j \\ f(x_i + x_j) &= 2(x_i + x_j) = 2x_i + 2x_j \end{aligned}$$

condition ❷
$$\begin{aligned} f(cx_i) &= 2(cx_i) = 2cx_i \\ cf(x_i) &= c(2x_i) = 2cx_i \end{aligned}$$

Un exemple d'application qui n'est pas linéaire

La fonction $f : x \mapsto 2x - 1$ n'est pas une application linéaire car elle ne satisfait ni ❶ ni ❷ :

condition ❶
$$\begin{aligned} f(x_i) + f(x_j) &= (2x_i - 1) + (2x_j - 1) = 2x_i + 2x_j - 2 \\ f(x_i + x_j) &= 2(x_i + x_j) - 1 = 2x_i + 2x_j - 1 \end{aligned}$$

condition ❷
$$\begin{aligned} f(cx_i) &= 2(cx_i) - 1 = 2cx_i - 1 \\ cf(x_i) &= c(2x_i - 1) = 2cx_i - c \end{aligned}$$

HUM...
REIJI ?
TU DÉJEUNES À LA CAFÉTÉRIA TOUS LES JOURS ?
JE VIS SEUL ET JE NE SUIS PAS BON CUISINIER, DONC OUI, LA PLUPART DU TEMPS...
EH BIEN LA PROCHAINE FOIS, C'EST MOI QUI TE FERAI À MANGER !
!?
C'EST GENTIL MAIS T'EMBÊTE PAS !
TETSUO AUSSI ME DONNE DES COURS !
TU NE VEUX PAS ?

NON, C'EST PAS ÇA, C'EST JUSTE QUE...
HEU...
À LA RÉFLEXION, J'AIMERAIS BEAUCOUP QUE TU...
...CUISINES POUR MOI.
SUPER !
JE CUISINE SOUVENT POUR MON FRÈRE, TU SAIS–DES REPAS D'ENTRAÎNEMENT.
OH... C'EST GENTIL.

PERMUTATIONS, COMBINAISONS ET ARRANGEMENTS

LE DILEMME DE REIJI

Lorsqu'il se rend au dojo pour son entraînement de karaté, Reiji a le temps d'écouter 3 morceaux de musique pour se mettre dans l'ambiance. Il passe en revue les chansons qu'il possède sur son téléphone : 7 peuvent convenir.

Toujours curieux et l'esprit en éveil, Reiji se demande de combien de manières il peut faire une playlist avec 3 morceaux pris parmi les 7, en n'oubliant pas qu'il faut choisir l'ordre d'écoute. Pouvez-vous l'aider ?

ANALYSE DU PROBLÈME

Reiji a trouvé deux méthodes :

– **méthode 1** : choisir une chanson, l'ajouter à la liste, recommencer deux fois ;

– **méthode 2** : choisir 3 chansons parmi les 7, choisir l'ordre d'écoute des 3 morceaux, puis créer la liste.

Il se demande si l'une de ces méthodes lui offre un plus grand nombre de possibilités que l'autre. Pour le savoir, faisons les calculs.

SOLUTION

Appelons A, B, C, D, E, F et G les 7 chansons possibles.

La méthode 1 donne 210 possibilités

En effet, il y a 7 choix possibles pour la première chanson, 6 pour la deuxième, 5 pour la troisième, et $7 \times 6 \times 5 = 7 \times 30 = 210$.

Dans la méthode 2, il y a 35 façons de choisir 3 morceaux parmi 7

	A	B	C	D	E	F	G
1	×	×	×				
2	×	×		×			
3	×	×			×		
4	×	×				×	
5	×	×					×
6	×		×	×			
7	×		×		×		
8	×		×			×	
9	×		×				×
10	×			×	×		
11	×			×		×	
12	×			×			×
13	×				×	×	
14	×				×		×
15	×					×	×

	A	B	C	D	E	F	G
16		×	×	×			
17		×	×		×		
18		×	×			×	
19		×	×				×
20		×		×	×		
21		×		×		×	
22		×		×			×
23		×			×	×	
24		×			×		×
25		×				×	×

	A	B	C	D	E	F	G
26			×	×	×		
27			×	×		×	
28			×	×			×
29			×		×	×	
30			×		×		×
31			×			×	×
32				×	×	×	
33				×	×		×
34				×		×	×
35					×	×	×

Dans la méthode 2, il y a 6 manières d'ordonner 3 chansons

Supposons que Reiji ait choisi les chansons A, B et C. Il peut les ordonner des manières suivantes :

ABC	BAC	CAB
ACB	BCA	CBA

S'il a choisi les chansons B, E et G, les ordres possibles sont :

BEG	EBG	GBE
BGE	EGB	GEB

Plus généralement, pour le premier morceau de la liste il peut choisir parmi 3 chansons, pour le deuxième morceau il peut choisir parmi 2 chansons, et pour le troisième morceau il n'a plus le choix. Le nombre de possibilités est donc $3 \times 2 \times 1 = 6$.

La méthode 2 donne 210 possibilités

Dans la méthode 2, on s'est ramené à l'étude de deux problèmes qui sont conceptuellement plus simples puisque chacun ne réalise qu'une étape logique. Il reste à rassembler les résultats obtenus.

Les deux étapes sont indépendantes : quelles que soient les lettres choisies à la première étape, on peut les ordonner de 6 manières. Par suite,

nombre de manières de créer une liste de 3 morceaux choisis parmi 7 =
nombre de manières de choisir 3 morceaux parmi 7
× nombre de manières d'ordonner les 3 morceaux

La méthode 2 fournit donc $35 \times 6 = 70 \times 3 = 210$ possibilités.

Conclusion

Le nombre de possibilités ne dépend pas de l'algorithme choisi. Les deux méthodes donnent 210 possibilités.

GÉNÉRALISATION

L'exemple précédent illustre une situation relativement commune. Par exemple, si une troupe de 7 comédiens décide de jouer une pièce ne comportant que 3 rôles, il y aura aussi 210 manières d'attribuer ces rôles.

Voyons maintenant la version générale des trois outils introduits dans l'exemple.

LES PERMUTATIONS

On a vu qu'il y a 6 façons d'ordonner 3 lettres. On dit que le nombre 6 est le nombre d'éléments (ou « cardinal ») de l'ensemble des permutations sur trois éléments. On le note $3!$ et on prononce « factorielle 3 ».

Le cardinal de l'ensemble des permutations de n éléments vaut

$$\boxed{n! = 1 \times 2 \times \cdots \times n}$$

En effet, il y a n choix possibles pour la première lettre, $n-1$ pour la deuxième, etc., et un seul choix pour la n-ième (et dernière) lettre. Regardons les premiers termes :

– par convention, il y a $0! = 1$ manière d'ordonner l'ensemble vide ;

- il y a $1! = 1$ permutation sur un unique élément ;
- il y a $2! = 2 \times 1 = 2$ permutations sur deux éléments ;
- il y a $3! = 3 \times 2 \times 1 = 6$ permutations sur trois éléments ;
- il y a $4! = 4 \times 3 \times 2 \times 1 = 24$ permutations sur quatre éléments ;
- etc.

LES ARRANGEMENTS

Dans la méthode 1, on a utilisé un raisonnement proche de celui ci-dessus pour les permutations : il y avait 7 choix pour la première chanson, 6 pour la deuxième et 5 pour la troisième. C'est comme si l'on comptait des permutations en s'arrêtant en cours de route, sans poursuivre jusqu'au dernier élément. Il s'agit donc d'une généralisation des permutations. Le nombre de possibilités peut s'écrire de la manière suivante :

$$7 \times 6 \times 5 \quad = \quad 7 \times 6 \times 5 \times \frac{4 \times 3 \times 2 \times 1}{4 \times 3 \times 2 \times 1} \quad = \quad \frac{7!}{4!}$$

Plus généralement, on appelle arrangement de k objets parmi n une liste ordonnée de k objets choisis dans un ensemble à n éléments. Le nombre d'arrangements de k objets parmi n se note A_n^k (prononcé « A n k ») et vaut :

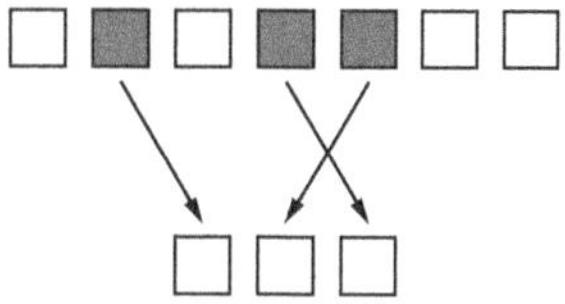

n éléments

k éléments

$$\boxed{A_n^k = \frac{n!}{(n-k)!}}$$

Ainsi, le nombre d'arrangements de 3 chansons choisies parmi 7 vaut $A_7^3 = \dfrac{7!}{(7-3)!}$.

LES COMBINAISONS

Dans la méthode 2, la première étape était de choisir 3 chansons parmi 7. On voulait juste les sélectionner, sans les ordonner. Pour les compter, on a écrit et numéroté toutes les possibilités ; c'était pénible. Maintenant que l'on sait que les méthodes 1 et 2 donnent le même résultat, on peut revenir sur l'équation suivante :

nombre de manières de créer une liste de 3 morceaux choisis parmi 7 =
nombre de manières de choisir 3 morceaux parmi 7
× nombre de manières d'ordonner les 3 morceaux

soit $\dfrac{7!}{4!}$ = (nombre de manières de choisir 3 morceaux parmi 7) $\times 3!$

d'où (nombre de manières de choisir 3 morceaux parmi 7) $= \dfrac{7!}{4! \times 3!}$

C'est logique : le nombre de manières de choisir sans ordonner, c'est le nombre de manières de choisir en ordonnant divisé par le nombre de manières d'ordonner.

Plus généralement, on appelle combinaison de k objets parmi n un ensemble (sans ordre) de k objets choisis dans un ensemble de n éléments. Le nombre de combinaisons de k objets parmi n se note[1] $\binom{n}{k}$ (prononcé « k parmi n » ou « n choix k ») et vaut :

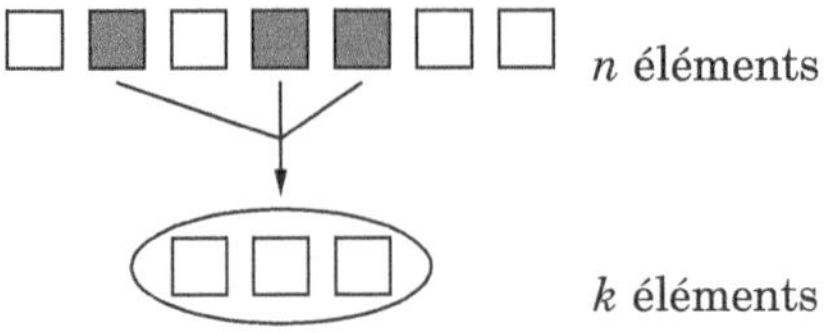

$$\boxed{\binom{n}{k} = \frac{n!}{k!(n-k)!}}$$

Ainsi, le nombre de combinaisons de 3 chansons choisies parmi 7 vaut $\binom{7}{3} = \frac{7!}{3!(7-3)!}$.

Quelques valeurs sont remarquables :

- il y a $\binom{n}{0} = \frac{n!}{0!n!} = 1$ manière de ne choisir aucun élément parmi n ;
- il y a $\binom{n}{1} = \frac{n!}{1!(n-1)!} = n$ manières de choisir 1 élément parmi n ;
- il y a $\binom{n}{n} = \frac{n!}{n!0!} = 1$ manière de choisir n éléments parmi n.

En outre, on a toujours $\binom{n}{k} = \binom{n}{n-k}$ car choisir k éléments et en laisser $n-k$ est équivalent à choisir $n-k$ éléments et en laisser k.

POUR ALLER PLUS LOIN

Pages 43 et 44, les règles « Nouilles pour tout le monde » et « Commandez votre plat préféré » données par sensei Ichinose définissent des fonctions. En revanche, la règle « Commandez des plats différents » définit en fait une famille de fonctions, dont deux sont représentées ci-dessous.

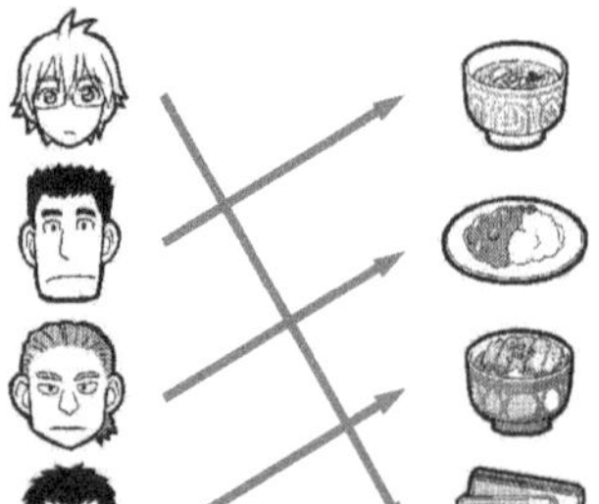

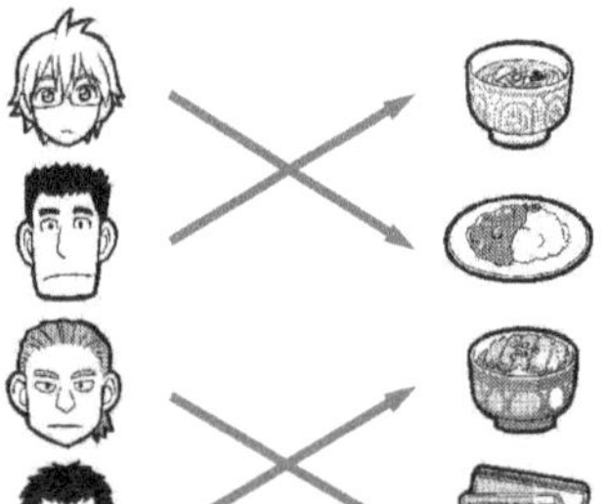

[1] Au XXe siècle, en France, on notait C_n^k. La notation américaine s'est ensuite imposée.

3

INTRODUCTION AUX MATRICES

KIAI !
KIAI !
ALLEZ-Y À FOND !
YURINO !
N'UTILISE PAS QUE TES MAINS.
METS TOUT TON POIDS !
OSSU !
JE PENSAIS QU'IL RENONCERAIT TOUT DE SUITE...
IL FAUT CROIRE QUE J'AVAIS TORT...
HÉ HÉ
フフン

TA-DA !
TU DOIS ÊTRE VRAIMENT FATIGUÉ APRÈS TOUS CES EFFORTS !
WOUAAAH... ! MAIS... JE NE PEUX PAS MANGER QUELQUE CHOSE D'AUSSI BEAU !
JOIE
HÉ HÉ, NE DIS PAS DE BÊTISES.
JE NE SAIS PAS QUOI DIRE... MERCI !
MIAM MIAM
MIAM MIAM
GÉNIAL !
TROP BON !
MERCI.
MISA, VRAIMENT... MERCI.
CE N'EST RIEN.

AAAH...
JE ME SENS BEAUCOUP MIEUX MAINTENANT. TU ES PRÊTE À COMMENCER ?
OUI, ALLONS-Y.
AUJOURD'HUI, NOUS PARLERONS DES MATRICES.
PLAN DU COURS
BASES
FONDAMENTAUX
MATRICES
BUT
APPLICATIONS LINÉAIRES
ET J'AIMERAIS VRAIMENT PASSER DU TEMPS SUR CE SUJET CAR ELLES APPARAISSENT TRÈS SOUVENT EN ALGÈBRE LINÉAIRE.
LE DÉBUT NE DEVRAIT PAS TE POSER DE PROBLÈME.
MAIS À LA FIN JE PARLERAI UN PEU DES MATRICES INVERSES, ET CE N'EST PAS SI SIMPLE.
OK.
QU'EST-CE QU'UNE MATRICE ?
COL. 1 COL. 2 COL. n
LIGNE 1 LIGNE 2 LIGNE m
$\begin{pmatrix} a_{11} & a_{12} & \cdots & a_{1n} \\ a_{21} & a_{22} & \cdots & a_{2n} \\ \vdots & \vdots & \ddots & \vdots \\ a_{m1} & a_{m2} & \cdots & a_{mn} \end{pmatrix}$
UNE MATRICE EST UN ENSEMBLE DE NOMBRES DISPOSÉS EN m LIGNES ET n COLONNES, ENTOURÉ DE PARENTHÈSES, COMME CECI.
CEUX-LÀ S'APPELLENT DES *INDICES*.

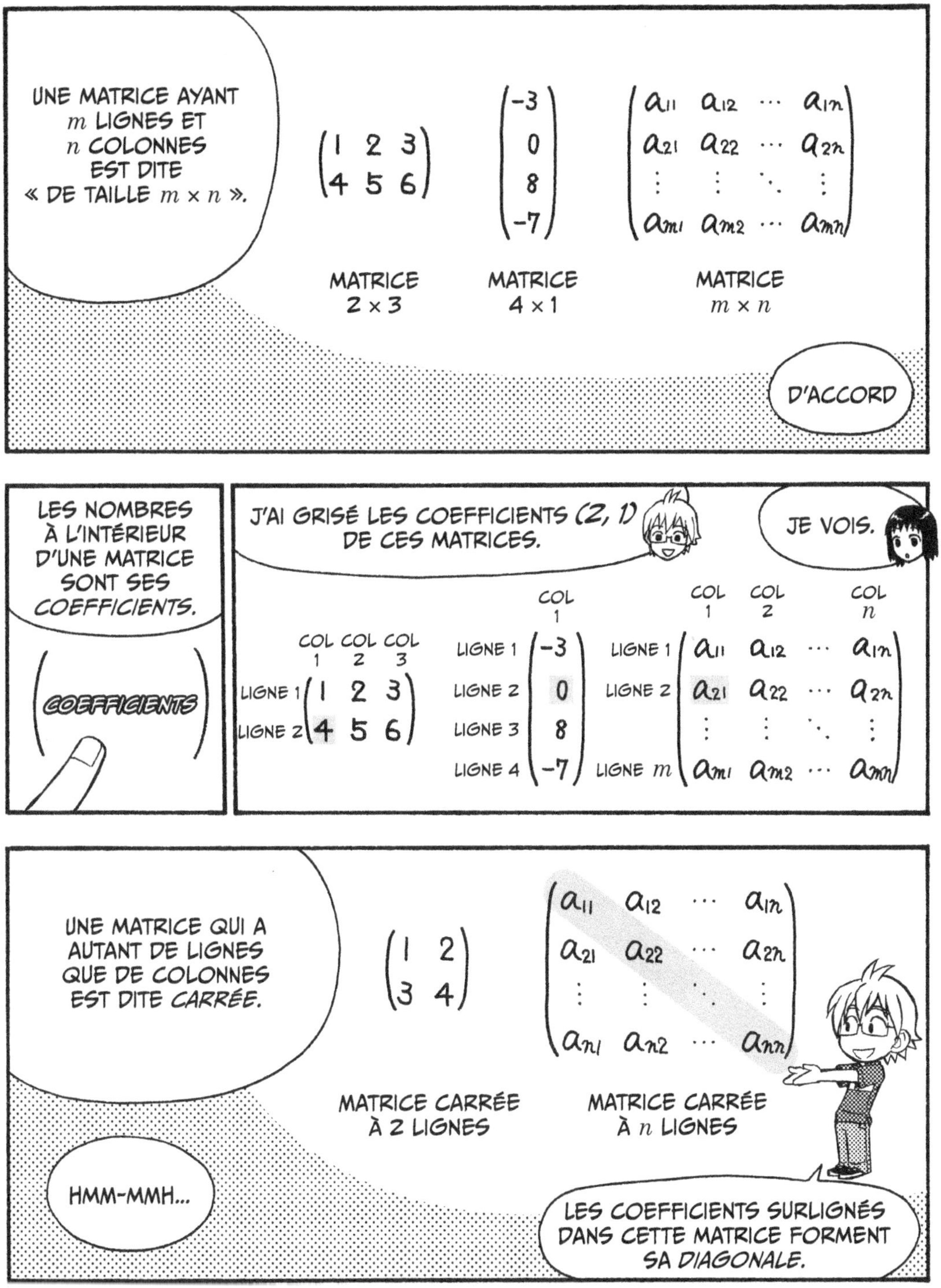
UNE MATRICE AYANT m LIGNES ET n COLONNES EST DITE « DE TAILLE $m \times n$ ».
$\begin{pmatrix} 1 & 2 & 3 \\ 4 & 5 & 6 \end{pmatrix}$
$\begin{pmatrix} -3 \\ 0 \\ 8 \\ -7 \end{pmatrix}$
$\begin{pmatrix} a_{11} & a_{12} & \cdots & a_{1n} \\ a_{21} & a_{22} & \cdots & a_{2n} \\ \vdots & \vdots & \ddots & \vdots \\ a_{m1} & a_{m2} & \cdots & a_{mn} \end{pmatrix}$
MATRICE 2 × 3
MATRICE 4 × 1
MATRICE $m \times n$
D'ACCORD
LES NOMBRES À L'INTÉRIEUR D'UNE MATRICE SONT SES *COEFFICIENTS*.
COEFFICIENTS
J'AI GRISÉ LES COEFFICIENTS *(2, 1)* DE CES MATRICES.
JE VOIS.
COL 1 COL 2 COL 3
LIGNE 1
LIGNE 2
COL 1
LIGNE 1
LIGNE 2
LIGNE 3
LIGNE 4
COL 1 COL 2 COL n
LIGNE 1
LIGNE 2
LIGNE m
UNE MATRICE QUI A AUTANT DE LIGNES QUE DE COLONNES EST DITE *CARRÉE*.
$\begin{pmatrix} 1 & 2 \\ 3 & 4 \end{pmatrix}$
$\begin{pmatrix} a_{11} & a_{12} & \cdots & a_{1n} \\ a_{21} & a_{22} & \cdots & a_{2n} \\ \vdots & \vdots & \ddots & \vdots \\ a_{n1} & a_{n2} & \cdots & a_{nn} \end{pmatrix}$
MATRICE CARRÉE À 2 LIGNES
MATRICE CARRÉE À n LIGNES
HMM-MMH...
LES COEFFICIENTS SURLIGNÉS DANS CETTE MATRICE FORMENT SA *DIAGONALE*.

HMM...
LES MATRICES NE SONT PAS AUSSI EXCITANTES QUE LE FILM *MATRIX*.
HUM...
OUAIS. C'EST JUSTE DES NOMBRES, SANS KEANU...
EXCITANTES OU PAS, LES MATRICES SONT TRÈS UTILES !
POURQUOI DONC ?
• L'ÉCRITURE DES SYSTÈMES LINÉAIRES DEVIENT PLUS CONCISE.
• LES MATHS SONT PLUS LISIBLES.
• LES PROFS ÉCRIVENT PLUS VITE AU TABLEAU.
CE SONT QUELQUES-UNS DE LEURS AVANTAGES.
ALORS ON LES UTILISE PARCE QU'ELLES SONT PRATIQUES ?
C'EST ÇA.

RÉÉCRIRE LES SYSTÈMES AVEC DES MATRICES

$$\begin{cases} a_{11}x_1 + a_{12}x_2 + \cdots + a_{1n}x_n \\ a_{21}x_1 + a_{22}x_2 + \cdots + a_{2n}x_n \\ \quad\vdots \qquad\quad \vdots \qquad \ddots \qquad \vdots \\ a_{n1}x_1 + a_{n2}x_2 + \cdots + a_{nn}x_n \end{cases} \quad \text{s'écrit} \quad \begin{pmatrix} a_{11} & a_{12} & \cdots & a_{1n} \\ a_{21} & a_{22} & \cdots & a_{2n} \\ \vdots & \vdots & \ddots & \vdots \\ a_{n1} & a_{n2} & \cdots & a_{nn} \end{pmatrix} \begin{pmatrix} x_1 \\ x_2 \\ \vdots \\ x_n \end{pmatrix}$$

$$\begin{cases} a_{11}x_1 + a_{12}x_2 + \cdots + a_{1n}x_n = b_1 \\ a_{21}x_1 + a_{22}x_2 + \cdots + a_{2n}x_n = b_2 \\ \quad\vdots \qquad\quad \vdots \qquad \ddots \qquad \vdots \qquad\quad \vdots \\ a_{n1}x_1 + a_{n2}x_2 + \cdots + a_{nn}x_n = b_n \end{cases} \quad \text{s'écrit} \quad \begin{pmatrix} a_{11} & a_{12} & \cdots & a_{1n} \\ a_{21} & a_{22} & \cdots & a_{2n} \\ \vdots & \vdots & \ddots & \vdots \\ a_{n1} & a_{n2} & \cdots & a_{nn} \end{pmatrix} \begin{pmatrix} x_1 \\ x_2 \\ \vdots \\ x_n \end{pmatrix} = \begin{pmatrix} b_1 \\ b_2 \\ \vdots \\ b_n \end{pmatrix}$$

CALCULS MATRICIELS

ADDITION

AJOUTONS CETTE MATRICE 3×2 : $\begin{pmatrix} 1 & 2 \\ 3 & 4 \\ 5 & 6 \end{pmatrix}$

À CETTE AUTRE MATRICE 3×2 : $\begin{pmatrix} 6 & 5 \\ 4 & 3 \\ 2 & 1 \end{pmatrix}$

CE QUI S'ÉCRIT : $\begin{pmatrix} 1 & 2 \\ 3 & 4 \\ 5 & 6 \end{pmatrix} + \begin{pmatrix} 6 & 5 \\ 4 & 3 \\ 2 & 1 \end{pmatrix}$

ON ADDITIONNE TERME À TERME : $\begin{pmatrix} 1+6 & 2+5 \\ 3+4 & 4+3 \\ 5+2 & 6+1 \end{pmatrix}$

EXEMPLES

- $\begin{pmatrix} 1 & 2 \\ 3 & 4 \\ 5 & 6 \end{pmatrix} + \begin{pmatrix} 6 & 5 \\ 4 & 3 \\ 2 & 1 \end{pmatrix} = \begin{pmatrix} 1+6 & 2+5 \\ 3+4 & 4+3 \\ 5+2 & 6+1 \end{pmatrix} = \begin{pmatrix} 7 & 7 \\ 7 & 7 \\ 7 & 7 \end{pmatrix}$

- $(10,\ 10) + (-3,\ -6) = (10 + (-3),\ 10 + (-6)) = (7,\ 4)$

- $\begin{pmatrix} 10 \\ 10 \end{pmatrix} + \begin{pmatrix} -3 \\ -6 \end{pmatrix} = \begin{pmatrix} 10 + (-3) \\ 10 + (-6) \end{pmatrix} = \begin{pmatrix} 7 \\ 4 \end{pmatrix}$

SOUSTRACTION

SOUSTRAYONS CETTE MATRICE 3×2 : $\begin{pmatrix} 6 & 5 \\ 4 & 3 \\ 2 & 1 \end{pmatrix}$

À CETTE AUTRE MATRICE 3×2 : $\begin{pmatrix} 1 & 2 \\ 3 & 4 \\ 5 & 6 \end{pmatrix}$

CE QUI S'ÉCRIT : $\begin{pmatrix} 1 & 2 \\ 3 & 4 \\ 5 & 6 \end{pmatrix} - \begin{pmatrix} 6 & 5 \\ 4 & 3 \\ 2 & 1 \end{pmatrix}$

ON SOUSTRAIT TERME À TERME : $\begin{pmatrix} 1-6 & 2-5 \\ 3-4 & 4-3 \\ 5-2 & 6-1 \end{pmatrix}$

EXEMPLES

- $\begin{pmatrix} 1 & 2 \\ 3 & 4 \\ 5 & 6 \end{pmatrix} - \begin{pmatrix} 6 & 5 \\ 4 & 3 \\ 2 & 1 \end{pmatrix} = \begin{pmatrix} 1-6 & 2-5 \\ 3-4 & 4-3 \\ 5-2 & 6-1 \end{pmatrix} = \begin{pmatrix} -5 & -3 \\ -1 & 1 \\ 3 & 5 \end{pmatrix}$

- $(10,\ 10) - (-3,\ -6) = (10-(-3),\ 10-(-6)) = (13,\ 16)$

- $\begin{pmatrix} 10 \\ 10 \end{pmatrix} - \begin{pmatrix} -3 \\ -6 \end{pmatrix} = \begin{pmatrix} 10-(-3) \\ 10-(-6) \end{pmatrix} = \begin{pmatrix} 13 \\ 16 \end{pmatrix}$

MULTIPLICATION PAR UN SCALAIRE

MULTIPLIONS PAR 10 LA MATRICE $\begin{pmatrix} 1 & 2 \\ 3 & 4 \\ 5 & 6 \end{pmatrix}$

CELA S'ÉCRIT : $10\begin{pmatrix} 1 & 2 \\ 3 & 4 \\ 5 & 6 \end{pmatrix}$

ON MULTIPLIE CHAQUE TERME PAR 10 : $\begin{pmatrix} 10 \times 1 & 10 \times 2 \\ 10 \times 3 & 10 \times 4 \\ 10 \times 5 & 10 \times 6 \end{pmatrix}$

EXEMPLES

- $$10\begin{pmatrix} 1 & 2 \\ 3 & 4 \\ 5 & 6 \end{pmatrix} = \begin{pmatrix} 10 \times 1 & 10 \times 2 \\ 10 \times 3 & 10 \times 4 \\ 10 \times 5 & 10 \times 6 \end{pmatrix} = \begin{pmatrix} 10 & 20 \\ 30 & 40 \\ 50 & 60 \end{pmatrix}$$

- $2\,(3, 1) = (2 \times 3, 2 \times 1) = (6, 2)$

- $$2\begin{pmatrix} 3 \\ 1 \end{pmatrix} = \begin{pmatrix} 2 \times 3 \\ 2 \times 1 \end{pmatrix} = \begin{pmatrix} 6 \\ 2 \end{pmatrix}$$

MULTIPLICATION ENTRE MATRICES

PRODUIT D'UNE MATRICE À n COLONNES

* PAR UN VECTEUR À n LIGNES :

$$\begin{pmatrix} 1 & 2 \\ 3 & 4 \\ 5 & 6 \end{pmatrix}\begin{pmatrix} a \\ b \end{pmatrix} = \begin{pmatrix} 1 & 2 \\ 3 & 4 \\ 5 & 6 \end{pmatrix}\begin{pmatrix} 1a + 2b \\ 3a + 4b \\ 5a + 6b \end{pmatrix}$$

* PAR UNE MATRICE À n LIGNES : ON TRAITE SÉPARÉMENT CHAQUE COLONNE ET ON ACCOLE LES RÉSULTATS.

$$\begin{pmatrix} 1 & 2 \\ 3 & 4 \\ 5 & 6 \end{pmatrix}\begin{pmatrix} a & c \\ b & d \end{pmatrix} = \begin{pmatrix} 1 & 2 \\ 3 & 4 \\ 5 & 6 \end{pmatrix}\begin{pmatrix} 1a + 2b & 1c + 2d \\ 3a + 4b & 3c + 4d \\ 5a + 6b & 5c + 6d \end{pmatrix}$$

EXEMPLES

$$\begin{pmatrix} 1 & 2 \\ 3 & 4 \end{pmatrix}\begin{pmatrix} 5 & 6 \\ 7 & 8 \end{pmatrix} = \begin{pmatrix} 1\times5 + 2\times7 & 1\times6 + 2\times8 \\ 3\times5 + 4\times7 & 3\times6 + 4\times8 \end{pmatrix} = \begin{pmatrix} 19 & 22 \\ 43 & 50 \end{pmatrix}$$

$$\begin{pmatrix} 1 & 2 \\ 3 & 5 \end{pmatrix}\begin{pmatrix} -5 & 2 \\ 3 & -1 \end{pmatrix} = \begin{pmatrix} 1\times(-5) + 2\times3 & 1\times2 + 2\times(-1) \\ 3\times(-5) + 5\times3 & 3\times2 + 5\times(-1) \end{pmatrix} = \begin{pmatrix} 1 & 0 \\ 0 & 1 \end{pmatrix}$$

- $$\begin{pmatrix} 8 & -3 \\ 2 & 1 \end{pmatrix}\begin{pmatrix} 3 & 1 \\ 1 & 2 \end{pmatrix} = \begin{pmatrix} 8\cdot 3 + (-3)\cdot 1 & 8\cdot 1 + (-3)\cdot 2 \\ 2\cdot 3 + 1\cdot 1 & 2\cdot 1 + 1\cdot 2 \end{pmatrix} = \begin{pmatrix} 24-3 & 8-6 \\ 6+1 & 2+2 \end{pmatrix} = \begin{pmatrix} 21 & 2 \\ 7 & 4 \end{pmatrix}$$

- $$\begin{pmatrix} 3 & 1 \\ 1 & 2 \end{pmatrix}\begin{pmatrix} 8 & -3 \\ 2 & 1 \end{pmatrix} = \begin{pmatrix} 3\cdot 8 + 1\cdot 2 & 3\cdot(-3) + 1\cdot 1 \\ 1\cdot 8 + 2\cdot 2 & 1\cdot(-3) + 2\cdot 1 \end{pmatrix} = \begin{pmatrix} 24+2 & -9+1 \\ 8+4 & -3+2 \end{pmatrix} = \begin{pmatrix} 26 & -8 \\ 12 & -1 \end{pmatrix}$$

$$\begin{matrix} 1 & 2 & \cdots & n \end{matrix}$$

$$\begin{pmatrix} a_{11} & a_{12} & \cdots & a_{1n} \\ a_{21} & a_{22} & \cdots & a_{2n} \\ \vdots & \vdots & \ddots & \vdots \\ a_{m1} & a_{m2} & \cdots & a_{mn} \end{pmatrix}\begin{pmatrix} x_{11} & x_{12} & \cdots & x_{1p} \\ x_{21} & x_{22} & \cdots & x_{2p} \\ \vdots & \vdots & \ddots & \vdots \\ x_{n1} & x_{n2} & \cdots & x_{np} \end{pmatrix} \begin{matrix} 1 \\ 2 \\ \vdots \\ n \end{matrix}$$

UNE MATRICE $m \times n$ MULTIPLIÉE PAR
UNE MATRICE $n \times p$ DONNE
UNE *MATRICE* $m \times p$.

DEUX MATRICES NE PEUVENT ÊTRE MULTIPLIÉES QUE SI LE NOMBRE DE COLONNES DE CELLE DE GAUCHE EST ÉGAL AU NOMBRE DE LIGNES DE CELLE DE DROITE.

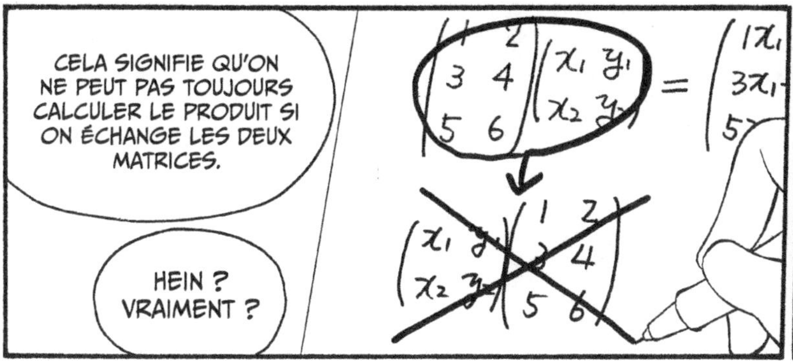
CELA SIGNIFIE QU'ON NE PEUT PAS TOUJOURS CALCULER LE PRODUIT SI ON ÉCHANGE LES DEUX MATRICES.
HEIN ? VRAIMENT ?

EH BIEN... RIEN N'EMPÊCHE D'ESSAYER.

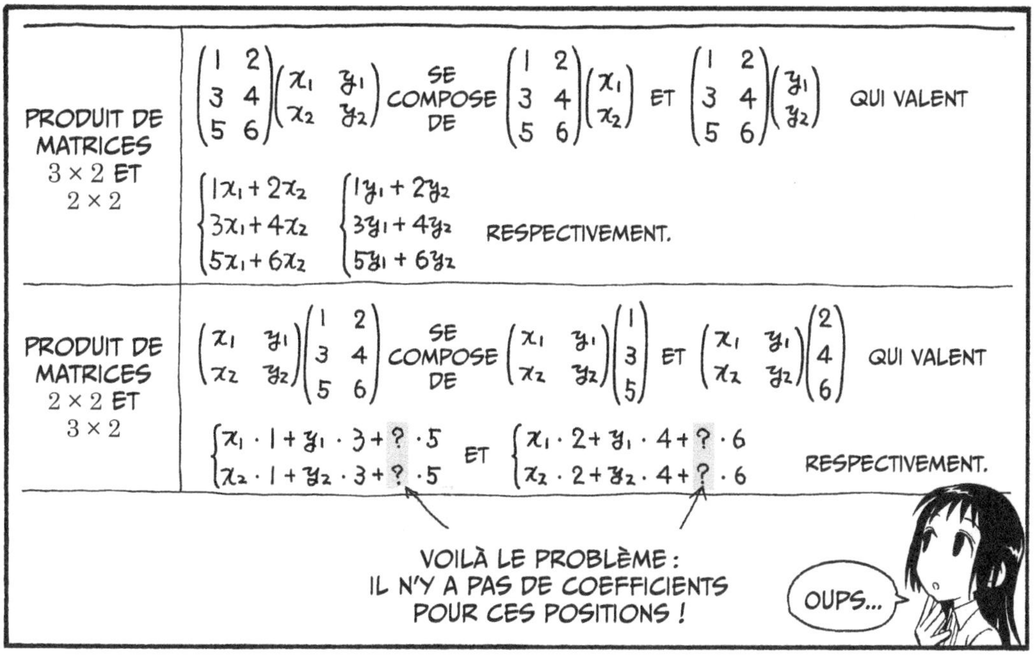
PRODUIT DE MATRICES 3 × 2 ET 2 × 2
SE COMPOSE DE
ET
QUI VALENT
RESPECTIVEMENT.
PRODUIT DE MATRICES 2 × 2 ET 3 × 2
SE COMPOSE DE
ET
QUI VALENT
RESPECTIVEMENT.
VOILÀ LE PROBLÈME : IL N'Y A PAS DE COEFFICIENTS POUR CES POSITIONS !
OUPS...

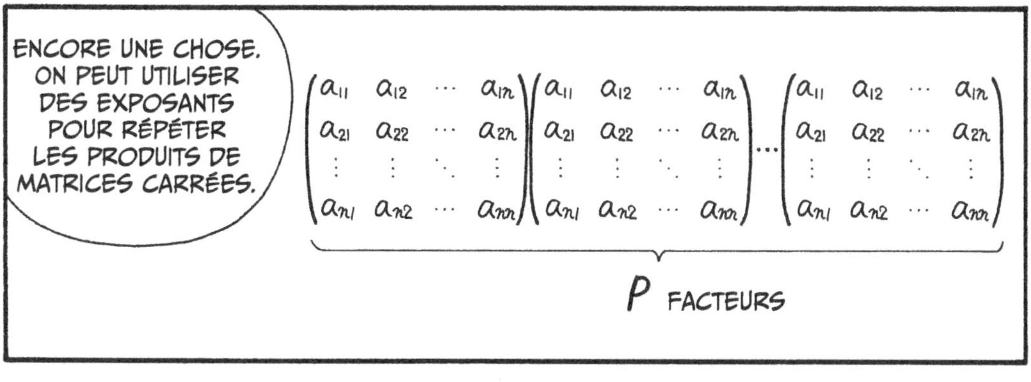
ENCORE UNE CHOSE. ON PEUT UTILISER DES EXPOSANTS POUR RÉPÉTER LES PRODUITS DE MATRICES CARRÉES.
P FACTEURS

$$\begin{pmatrix} 1 & 2 \\ 3 & 4 \end{pmatrix}^3 = \begin{pmatrix} 1 & 2 \\ 3 & 4 \end{pmatrix}\begin{pmatrix} 1 & 2 \\ 3 & 4 \end{pmatrix}\begin{pmatrix} 1 & 2 \\ 3 & 4 \end{pmatrix} = \begin{pmatrix} 1 \cdot 1 + 2 \cdot 3 & 1 \cdot 2 + 2 \cdot 4 \\ 3 \cdot 1 + 4 \cdot 3 & 3 \cdot 2 + 4 \cdot 4 \end{pmatrix}\begin{pmatrix} 1 & 2 \\ 3 & 4 \end{pmatrix} =$$

$$\begin{pmatrix} 7 & 10 \\ 15 & 22 \end{pmatrix}\begin{pmatrix} 1 & 2 \\ 3 & 4 \end{pmatrix} = \begin{pmatrix} 7 \cdot 1 + 10 \cdot 3 & 7 \cdot 2 + 10 \cdot 4 \\ 15 \cdot 1 + 22 \cdot 3 & 15 \cdot 2 + 22 \cdot 4 \end{pmatrix} = \begin{pmatrix} 37 & 54 \\ 81 & 118 \end{pmatrix}$$

❶ MATRICES NULLES — 0

Une matrice est dite nulle quand tous ses coefficients sont nuls.

$$\begin{pmatrix} 0 & 0 \\ 0 & 0 \end{pmatrix} \qquad \begin{pmatrix} 0 & 0 & 0 \\ 0 & 0 & 0 \end{pmatrix} \qquad \begin{pmatrix} 0 \\ 0 \\ 0 \\ 0 \end{pmatrix}$$

❷ MATRICES TRANSPOSÉES

La manière la plus simple de comprendre les matrices transposées est d'observer un exemple :

la transposée de la matrice 2×3 $\begin{pmatrix} 1 & 3 & 5 \\ 2 & 4 & 6 \end{pmatrix}$

est la matrice 3×2 $\begin{pmatrix} 1 & 2 \\ 3 & 4 \\ 5 & 6 \end{pmatrix}$

La transposition échange les lignes et les colonnes de la matrice.

La transposée de la matrice $n \times m$ $\begin{pmatrix} a_{11} & a_{12} & \cdots & a_{1n} \\ a_{21} & a_{22} & \cdots & a_{2n} \\ \vdots & \vdots & \ddots & \vdots \\ a_{m1} & a_{m2} & \cdots & a_{mn} \end{pmatrix}$

est la matrice $m \times n$ $\begin{pmatrix} a_{11} & a_{21} & \cdots & a_{m1} \\ a_{12} & a_{22} & \cdots & a_{m2} \\ \vdots & \vdots & \ddots & \vdots \\ a_{1n} & a_{2n} & \cdots & a_{mn} \end{pmatrix}$

La transposée d'une matrice A se note A^T, A^t ou encore ${}^tA$. Par exemple,

$$\begin{pmatrix} 1 & 3 & 5 \\ 2 & 4 & 6 \end{pmatrix}^T = \begin{pmatrix} 1 & 2 \\ 3 & 4 \\ 5 & 6 \end{pmatrix}$$

❸ MATRICES SYMÉTRIQUES

Une matrice symétrique est une matrice carrée dont les coefficients sont symétriques par rapport à la diagonale.

$$\begin{pmatrix} 1 & 5 & 6 & 7 \\ 5 & 2 & 8 & 9 \\ 6 & 8 & 3 & 10 \\ 7 & 9 & 10 & 4 \end{pmatrix}$$

Une matrice symétrique est toujours égale à sa transposée.
Les matrices nulles carrées sont des exemples de matrices symétriques.

❹ MATRICES TRIANGULAIRES SUPÉRIEURES
❺ ET INFÉRIEURES

Une matrice « triangulaire » est une matrice carrée dont tous les éléments situés strictement au-dessus ou strictement au-dessous de la diagonale sont nuls.

Elle est triangulaire supérieure si les coefficients au-dessous de sa diagonale sont nuls.

$$\begin{pmatrix} 1 & 5 & 6 & 7 \\ 0 & 2 & 8 & 9 \\ 0 & 0 & 3 & 10 \\ 0 & 0 & 0 & 4 \end{pmatrix}$$

Voici une matrice triangulaire inférieure : tous ses coefficients au-dessus de la diagonale sont nuls.

$$\begin{pmatrix} 1 & 0 & 0 & 0 \\ 5 & 2 & 0 & 0 \\ 6 & 8 & 3 & 0 \\ 7 & 9 & 10 & 4 \end{pmatrix}$$

❻ MATRICES DIAGONALES

Une matrice diagonale est une matrice carrée dont tous les coefficients qui ne sont pas sur la diagonale sont nuls.

Par exemple, $\begin{pmatrix} 1 & 0 & 0 & 0 \\ 0 & 2 & 0 & 0 \\ 0 & 0 & 3 & 0 \\ 0 & 0 & 0 & 4 \end{pmatrix}$ est une matrice diagonale.

Les matrices diagonales ont une notation compacte : celle ci-dessus peut être notée diag(1,2,3,4).

Les matrices diagonales sont à la fois symétriques, triangulaires supérieures et triangulaires inférieures.
Les matrices nulles carrées sont diagonales.

REGARDE !
$\begin{pmatrix} a_{11} & 0 & \cdots & 0 \\ 0 & a_{22} & \cdots & 0 \\ \vdots & \vdots & \ddots & \vdots \\ 0 & 0 & \cdots & a_{nn} \end{pmatrix}^p = \begin{pmatrix} a_{11}^p & 0 & \cdots & 0 \\ 0 & a_{22}^p & \cdots & 0 \\ \vdots & \vdots & \ddots & \vdots \\ 0 & 0 & \cdots & a_{nn}^p \end{pmatrix}$
EUH...
ESSAIE DE CALCULER $\begin{pmatrix} 2 & 0 \\ 0 & 3 \end{pmatrix}^2$ ET $\begin{pmatrix} 2 & 0 \\ 0 & 3 \end{pmatrix}^3$ POUR T'EN CONVAINCRE.
HMM...
• $\begin{pmatrix} 2 & 0 \\ 0 & 3 \end{pmatrix}^2 = \begin{pmatrix} 2 & 0 \\ 0 & 3 \end{pmatrix}\begin{pmatrix} 2 & 0 \\ 0 & 3 \end{pmatrix} = \begin{pmatrix} 2 \cdot 2 + 0 \cdot 0 & 2 \cdot 0 + 0 \cdot 3 \\ 0 \cdot 2 + 3 \cdot 0 & 0 \cdot 0 + 3 \cdot 3 \end{pmatrix} = \begin{pmatrix} 2^2 & 0 \\ 0 & 3^2 \end{pmatrix}$
• $\begin{pmatrix} 2 & 0 \\ 0 & 3 \end{pmatrix}^3 = \begin{pmatrix} 2 & 0 \\ 0 & 3 \end{pmatrix}^2\begin{pmatrix} 2 & 0 \\ 0 & 3 \end{pmatrix} = \begin{pmatrix} 2^2 & 0 \\ 0 & 3^2 \end{pmatrix}\begin{pmatrix} 2 & 0 \\ 0 & 3 \end{pmatrix} = \begin{pmatrix} 2^2 \cdot 2 + 0 \cdot 0 & 2^2 \cdot 0 + 0 \cdot 3 \\ 0 \cdot 2 + 3^2 \cdot 0 & 0 \cdot 0 + 3^2 \cdot 3 \end{pmatrix} = \begin{pmatrix} 2^3 & 0 \\ 0 & 3^3 \end{pmatrix}$
COMME CECI ?
TU AS RAISON ! $\begin{pmatrix} 2 & 0 \\ 0 & 3 \end{pmatrix}^p = \begin{pmatrix} 2^p & 0 \\ 0 & 3^p \end{pmatrix}$
ÉTRANGE, NON ?

❼ MATRICES IDENTITÉ

Une matrice identité est une matrice carrée dont les éléments diagonaux valent 1 et tous les autres valent 0.

Par exemple, la matrice identité pour $n = 4$ est :

$$\begin{pmatrix} 1 & 0 & 0 & 0 \\ 0 & 1 & 0 & 0 \\ 0 & 0 & 1 & 0 \\ 0 & 0 & 0 & 1 \end{pmatrix}$$

Les matrices identité sont des exemples de matrices diagonales.

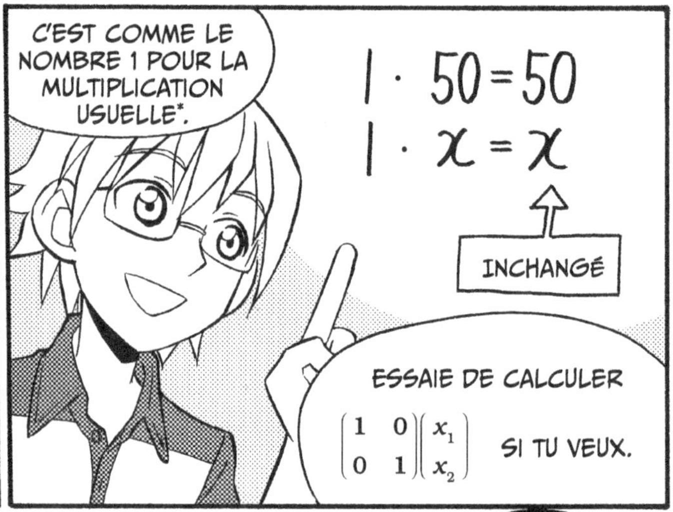

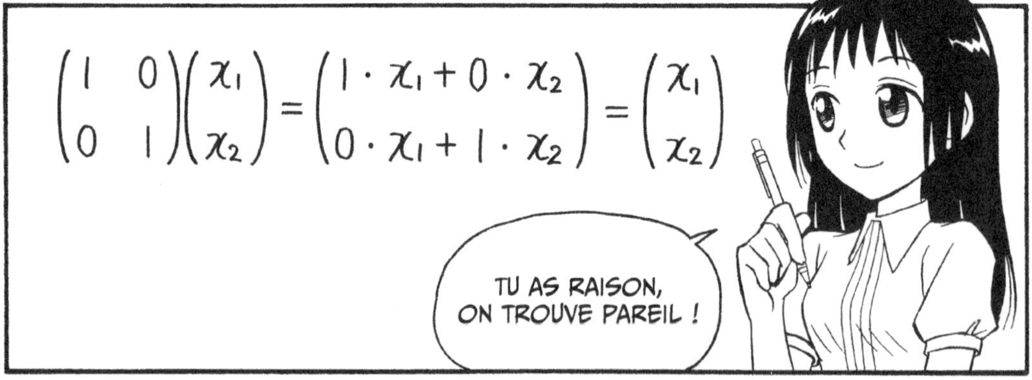

* D'AILLEURS, ON APPELLE AUSSI MATRICES UNITÉ LES MATRICES IDENTITÉ.

- $$\begin{pmatrix} 1 & 0 & \cdots & 0 \\ 0 & 1 & \cdots & 0 \\ \vdots & \vdots & \ddots & \vdots \\ 0 & 0 & \cdots & 1 \end{pmatrix} \begin{pmatrix} x_1 \\ x_2 \\ \vdots \\ x_n \end{pmatrix} = \begin{pmatrix} 1 \cdot x_1 + 0 \cdot x_2 + \cdots + 0 \cdot x_n \\ 0 \cdot x_1 + 1 \cdot x_2 + \cdots + 0 \cdot x_n \\ \vdots \\ 0 \cdot x_1 + 0 \cdot x_2 + \cdots + 1 \cdot x_n \end{pmatrix} = \begin{pmatrix} x_1 \\ x_2 \\ \vdots \\ x_n \end{pmatrix}$$

- $$\begin{pmatrix} 1 & 0 \\ 0 & 1 \end{pmatrix} \begin{pmatrix} x_{11} & x_{21} & \cdots & x_{n1} \\ x_{12} & x_{22} & \cdots & x_{n2} \end{pmatrix} = \begin{pmatrix} 1 \cdot x_{11} + 0 \cdot x_{12} & 1 \cdot x_{21} + 0 \cdot x_{22} & \cdots & 1 \cdot x_{n1} + 0 \cdot x_{n2} \\ 0 \cdot x_{11} + 1 \cdot x_{12} & 0 \cdot x_{21} + 1 \cdot x_{22} & \cdots & 0 \cdot x_{n1} + 1 \cdot x_{n2} \end{pmatrix}$$
$$= \begin{pmatrix} x_{11} & x_{21} & \cdots & x_{n1} \\ x_{12} & x_{22} & \cdots & x_{n2} \end{pmatrix}$$

- $$\begin{pmatrix} x_{11} & x_{12} \\ x_{21} & x_{22} \\ \vdots & \vdots \\ x_{n1} & x_{n2} \end{pmatrix} \begin{pmatrix} 1 & 0 \\ 0 & 1 \end{pmatrix} = \begin{pmatrix} x_{11} \cdot 1 + x_{12} \cdot 0 & x_{11} \cdot 0 + x_{12} \cdot 1 \\ x_{21} \cdot 1 + x_{22} \cdot 0 & x_{21} \cdot 0 + x_{22} \cdot 1 \\ \vdots & \vdots \\ x_{n1} \cdot 1 + x_{n2} \cdot 0 & x_{n1} \cdot 0 + x_{n2} \cdot 1 \end{pmatrix} = \begin{pmatrix} x_{11} & x_{12} \\ x_{21} & x_{22} \\ \vdots & \vdots \\ x_{n1} & x_{n2} \end{pmatrix}$$

FAISONS UNE PAUSE.
IL NOUS RESTE ENCORE À VOIR LES MATRICES INVERSES, ET C'EST UN PEU PLUS COMPLIQUÉ.
ÇA ME VA.
AH !
ENCORE MERCI POUR LE REPAS. TU ES VRAIMENT UNE SUPER CUISINIÈRE.
DE RIEN !
JE T'EN FERAI UN AUTRE DEMAIN SI TU VEUX.
AH MAIS JE NE VOULAIS PAS DIRE...
NE T'INQUIÈTE PAS. LE PLUS AGRÉABLE QUAND ON CUISINE, C'EST DE VOIR LES GENS SE RÉGALER.
ÇA SERA UN PLAISIR.
M-MERCI...
QU'EN DIS-TU ?
PRÊTE POUR D'AUTRES MATRICES ?
BIEN SÛR.

4

PLUS DE MATRICES

MATRICES INVERSES

❽ MATRICES INVERSES

Deux matrices sont *inverses* l'une de l'autre si leur produit est la matrice identité.

Ainsi, la matrice $\begin{pmatrix} x_{11} & x_{12} \\ x_{21} & x_{22} \end{pmatrix}$ et la matrice $\begin{pmatrix} 1 & 2 \\ 3 & 4 \end{pmatrix}$ sont inverses si

$$\begin{pmatrix} 1 & 2 \\ 3 & 4 \end{pmatrix}\begin{pmatrix} x_{11} & x_{12} \\ x_{21} & x_{22} \end{pmatrix} = \begin{pmatrix} 1 & 0 \\ 0 & 1 \end{pmatrix} \quad \text{ou si} \quad \begin{pmatrix} x_{11} & x_{12} \\ x_{21} & x_{22} \end{pmatrix}\begin{pmatrix} 1 & 2 \\ 3 & 4 \end{pmatrix} = \begin{pmatrix} 1 & 0 \\ 0 & 1 \end{pmatrix}$$

Si l'une de ces égalités est vraie, l'autre l'est aussi.

Une matrice est *inversible* s'il existe une matrice dont elle est l'inverse.

Une matrice inversible n'a qu'un seul inverse.

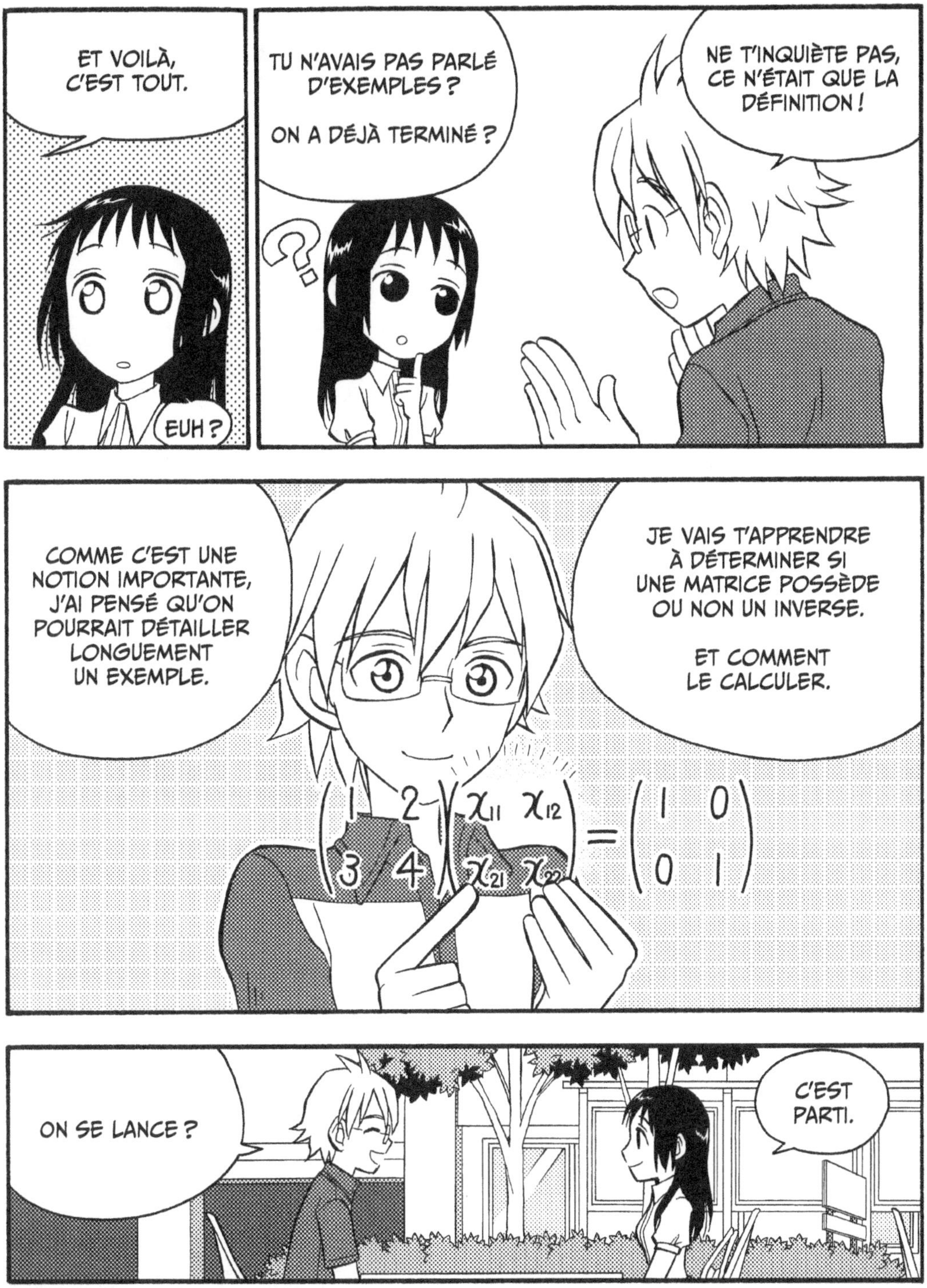
ET VOILÀ, C'EST TOUT.
EUH ?
TU N'AVAIS PAS PARLÉ D'EXEMPLES ?
ON A DÉJÀ TERMINÉ ?
NE T'INQUIÈTE PAS, CE N'ÉTAIT QUE LA DÉFINITION !
COMME C'EST UNE NOTION IMPORTANTE, J'AI PENSÉ QU'ON POURRAIT DÉTAILLER LONGUEMENT UN EXEMPLE.
JE VAIS T'APPRENDRE À DÉTERMINER SI UNE MATRICE POSSÈDE OU NON UN INVERSE.
ET COMMENT LE CALCULER.
$\begin{pmatrix}1 & 2\\ 3 & 4\end{pmatrix}\begin{pmatrix}x_{11} & x_{12}\\ x_{21} & x_{22}\end{pmatrix}=\begin{pmatrix}1 & 0\\ 0 & 1\end{pmatrix}$
ON SE LANCE ?
C'EST PARTI.

* LE TERME JAPONAIS POUR PIVOT DE GAUSS EST *HAKIDASHIHOU*, « MÉTHODE DU BALAYAGE » : EN EFFET, LE PRINCIPE EST DE FAIRE APPARAÎTRE DES ZÉROS COMME SI ON AVAIT BALAYÉ DES COEFFICIENTS.

? PROBLÈME

Résoudre le système d'équations suivant:

$$\begin{cases} 3x_1 + 1x_2 = 1 \\ 1x_1 + 2x_2 = 0 \end{cases}$$

! SOLUTION

LA MÉTHODE USUELLE	LA MÉTHODE USUELLE ÉCRITE AVEC DES MATRICES	PIVOT MATRICIEL
$\begin{cases} 3x_1 + 1x_2 = 1 \\ 1x_1 + 2x_2 = 0 \end{cases}$ Multiplier par 2 l'équation du haut.	$\begin{pmatrix} 3 & 1 \\ 1 & 2 \end{pmatrix}\begin{pmatrix} x_1 \\ x_2 \end{pmatrix} = \begin{pmatrix} 1 \\ 0 \end{pmatrix}$	$\begin{pmatrix} 3 & 1 & 1 \\ 1 & 2 & 0 \end{pmatrix}$
$\begin{cases} 6x_1 + 2x_2 = 2 \\ 1x_1 + 2x_2 = 0 \end{cases}$ Soustraire l'équation du bas à celle du haut.	$\begin{pmatrix} 6 & 2 \\ 1 & 2 \end{pmatrix}\begin{pmatrix} x_1 \\ x_2 \end{pmatrix} = \begin{pmatrix} 2 \\ 0 \end{pmatrix}$	$\begin{pmatrix} 6 & 2 & 2 \\ 1 & 2 & 0 \end{pmatrix}$
$\begin{cases} 5x_1 + 0x_2 = 2 \\ 1x_1 + 2x_2 = 0 \end{cases}$ Multiplier par 5 l'équation du bas.	$\begin{pmatrix} 5 & 0 \\ 1 & 2 \end{pmatrix}\begin{pmatrix} x_1 \\ x_2 \end{pmatrix} = \begin{pmatrix} 2 \\ 0 \end{pmatrix}$	$\begin{pmatrix} 5 & 0 & 2 \\ 1 & 2 & 0 \end{pmatrix}$
$\begin{cases} 5x_1 + 0x_2 = 2 \\ 5x_1 + 10x_2 = 0 \end{cases}$ Soustraire l'équation du haut à celle du bas.	$\begin{pmatrix} 5 & 0 \\ 5 & 10 \end{pmatrix}\begin{pmatrix} x_1 \\ x_2 \end{pmatrix} = \begin{pmatrix} 2 \\ 0 \end{pmatrix}$	$\begin{pmatrix} 5 & 0 & 2 \\ 5 & 10 & 0 \end{pmatrix}$
$\begin{cases} 5x_1 + 0x_2 = 2 \\ 0x_1 + 10x_2 = -2 \end{cases}$ Diviser l'équation du haut par 5 et celle du bas par 10.	$\begin{pmatrix} 5 & 0 \\ 0 & 10 \end{pmatrix}\begin{pmatrix} x_1 \\ x_2 \end{pmatrix} = \begin{pmatrix} 2 \\ -2 \end{pmatrix}$	$\begin{pmatrix} 5 & 0 & 2 \\ 0 & 10 & -2 \end{pmatrix}$
$\begin{cases} 1x_1 + 0x_2 = \frac{2}{5} \\ 0x_1 + 1x_2 = -\frac{1}{5} \end{cases}$ Terminé !	$\begin{pmatrix} 1 & 0 \\ 0 & 1 \end{pmatrix}\begin{pmatrix} x_1 \\ x_2 \end{pmatrix} = \begin{pmatrix} \frac{2}{5} \\ -\frac{1}{5} \end{pmatrix}$	$\begin{pmatrix} 1 & 0 & \frac{2}{5} \\ 0 & 1 & -\frac{1}{5} \end{pmatrix}$

PROBLÈME

Trouver l'inverse de la matrice 2×2 $\begin{pmatrix} 3 & 1 \\ 1 & 2 \end{pmatrix}$.

On cherche l'inverse de $\begin{pmatrix} 3 & 1 \\ 1 & 2 \end{pmatrix}$

↓

On cherche $\begin{pmatrix} x_{11} & x_{12} \\ x_{21} & x_{22} \end{pmatrix}$ vérifiant $\begin{pmatrix} 3 & 1 \\ 1 & 2 \end{pmatrix}\begin{pmatrix} x_{11} & x_{12} \\ x_{21} & x_{22} \end{pmatrix} = \begin{pmatrix} 1 & 0 \\ 0 & 1 \end{pmatrix}$

↓

c'est-à-dire $\begin{pmatrix} x_{11} \\ x_{21} \end{pmatrix}$ et $\begin{pmatrix} x_{12} \\ x_{22} \end{pmatrix}$ vérifiant $\begin{cases} \begin{pmatrix} 3 & 1 \\ 1 & 2 \end{pmatrix}\begin{pmatrix} x_{11} \\ x_{21} \end{pmatrix} = \begin{pmatrix} 1 \\ 0 \end{pmatrix} \\ \begin{pmatrix} 3 & 1 \\ 1 & 2 \end{pmatrix}\begin{pmatrix} x_{12} \\ x_{22} \end{pmatrix} = \begin{pmatrix} 0 \\ 1 \end{pmatrix} \end{cases}$

↓

Il faut résoudre $\begin{cases} 3x_{11} + 1x_{21} = 1 \\ 1x_{11} + 2x_{21} = 0 \end{cases}$ et $\begin{cases} 3x_{12} + 1x_{22} = 0 \\ 1x_{12} + 2x_{22} = 1 \end{cases}$

SOLUTION

LA MÉTHODE USUELLE	LA MÉTHODE USUELLE ÉCRITE AVEC DES MATRICES	PIVOT MATRICIEL
$\begin{cases}3x_{11}+1x_{21}=1\\1x_{11}+2x_{21}=0\end{cases}$ $\begin{cases}3x_{12}+1x_{22}=0\\1x_{12}+2x_{22}=1\end{cases}$ Multiplier par 2 l'équation du haut.	$\begin{pmatrix}3&1\\1&2\end{pmatrix}\begin{pmatrix}x_{11}&x_{12}\\x_{21}&x_{22}\end{pmatrix}=\begin{pmatrix}1&0\\0&1\end{pmatrix}$	$\begin{pmatrix}3&1&1&0\\1&2&0&1\end{pmatrix}$
$\begin{cases}6x_{11}+2x_{21}=2\\1x_{11}+2x_{21}=0\end{cases}$ $\begin{cases}6x_{12}+2x_{22}=0\\1x_{12}+2x_{22}=1\end{cases}$ Soustraire la ligne du bas à celle du haut.	$\begin{pmatrix}6&2\\1&2\end{pmatrix}\begin{pmatrix}x_{11}&x_{12}\\x_{21}&x_{22}\end{pmatrix}=\begin{pmatrix}2&0\\0&1\end{pmatrix}$	$\begin{pmatrix}6&2&2&0\\1&2&0&1\end{pmatrix}$
$\begin{cases}5x_{11}+0x_{21}=2\\1x_{11}+2x_{21}=0\end{cases}$ $\begin{cases}5x_{12}+0x_{22}=-1\\1x_{12}+2x_{22}=1\end{cases}$ Multiplier par 5 la ligne du bas.	$\begin{pmatrix}5&0\\1&2\end{pmatrix}\begin{pmatrix}x_{11}&x_{12}\\x_{21}&x_{22}\end{pmatrix}=\begin{pmatrix}2&-1\\0&1\end{pmatrix}$	$\begin{pmatrix}5&0&2&-1\\1&2&0&1\end{pmatrix}$
$\begin{cases}5x_{11}+0x_{21}=2\\5x_{11}+10x_{21}=0\end{cases}$ $\begin{cases}5x_{12}+0x_{22}=-1\\5x_{12}+10x_{22}=5\end{cases}$ Soustraire la ligne du haut à celle du bas.	$\begin{pmatrix}5&0\\5&10\end{pmatrix}\begin{pmatrix}x_{11}&x_{12}\\x_{21}&x_{22}\end{pmatrix}=\begin{pmatrix}2&-1\\0&5\end{pmatrix}$	$\begin{pmatrix}5&0&2&-1\\5&10&0&5\end{pmatrix}$
$\begin{cases}5x_{11}+0x_{21}=2\\0x_{11}+10x_{21}=-2\end{cases}$ $\begin{cases}5x_{12}+0x_{22}=-1\\0x_{12}+10x_{22}=6\end{cases}$ Diviser par 5 en haut et par 10 en bas.	$\begin{pmatrix}5&0\\0&10\end{pmatrix}\begin{pmatrix}x_{11}&x_{12}\\x_{21}&x_{22}\end{pmatrix}=\begin{pmatrix}2&-1\\-2&6\end{pmatrix}$	$\begin{pmatrix}5&0&2&-1\\0&10&-2&6\end{pmatrix}$
$\begin{cases}1x_{11}+0x_{21}=\frac{2}{5}\\0x_{11}+1x_{21}=-\frac{1}{5}\end{cases}$ $\begin{cases}1x_{12}+0x_{22}=-\frac{1}{5}\\0x_{12}+1x_{22}=\frac{3}{5}\end{cases}$ Terminé !	$\begin{pmatrix}1&0\\0&1\end{pmatrix}\begin{pmatrix}x_{11}&x_{12}\\x_{21}&x_{22}\end{pmatrix}=\begin{pmatrix}\frac{2}{5}&-\frac{1}{5}\\-\frac{1}{5}&\frac{3}{5}\end{pmatrix}$	$\begin{pmatrix}1&0&\frac{2}{5}&-\frac{1}{5}\\0&1&-\frac{1}{5}&\frac{3}{5}\end{pmatrix}$

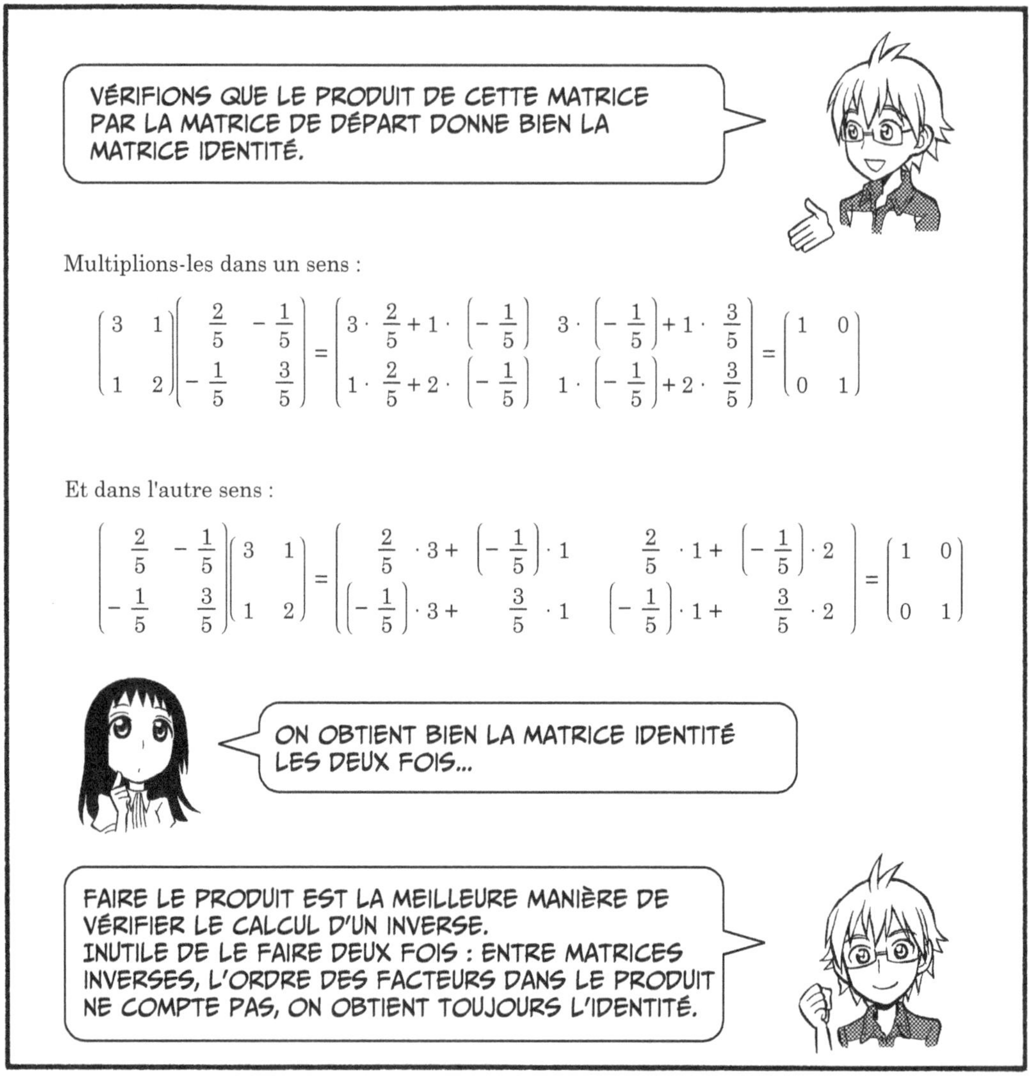
VÉRIFIONS QUE LE PRODUIT DE CETTE MATRICE PAR LA MATRICE DE DÉPART DONNE BIEN LA MATRICE IDENTITÉ.
Multiplions-les dans un sens :
$$\begin{pmatrix} 3 & 1 \\ 1 & 2 \end{pmatrix}\begin{pmatrix} \frac{2}{5} & -\frac{1}{5} \\ -\frac{1}{5} & \frac{3}{5} \end{pmatrix} = \begin{pmatrix} 3 \cdot \frac{2}{5} + 1 \cdot \left(-\frac{1}{5}\right) & 3 \cdot \left(-\frac{1}{5}\right) + 1 \cdot \frac{3}{5} \\ 1 \cdot \frac{2}{5} + 2 \cdot \left(-\frac{1}{5}\right) & 1 \cdot \left(-\frac{1}{5}\right) + 2 \cdot \frac{3}{5} \end{pmatrix} = \begin{pmatrix} 1 & 0 \\ 0 & 1 \end{pmatrix}$$
Et dans l'autre sens :
$$\begin{pmatrix} \frac{2}{5} & -\frac{1}{5} \\ -\frac{1}{5} & \frac{3}{5} \end{pmatrix}\begin{pmatrix} 3 & 1 \\ 1 & 2 \end{pmatrix} = \begin{pmatrix} \frac{2}{5} \cdot 3 + \left(-\frac{1}{5}\right) \cdot 1 & \frac{2}{5} \cdot 1 + \left(-\frac{1}{5}\right) \cdot 2 \\ \left(-\frac{1}{5}\right) \cdot 3 + \frac{3}{5} \cdot 1 & \left(-\frac{1}{5}\right) \cdot 1 + \frac{3}{5} \cdot 2 \end{pmatrix} = \begin{pmatrix} 1 & 0 \\ 0 & 1 \end{pmatrix}$$
ON OBTIENT BIEN LA MATRICE IDENTITÉ LES DEUX FOIS...
FAIRE LE PRODUIT EST LA MEILLEURE MANIÈRE DE VÉRIFIER LE CALCUL D'UN INVERSE. INUTILE DE LE FAIRE DEUX FOIS : ENTRE MATRICES INVERSES, L'ORDRE DES FACTEURS DANS LE PRODUIT NE COMPTE PAS, ON OBTIENT TOUJOURS L'IDENTITÉ.

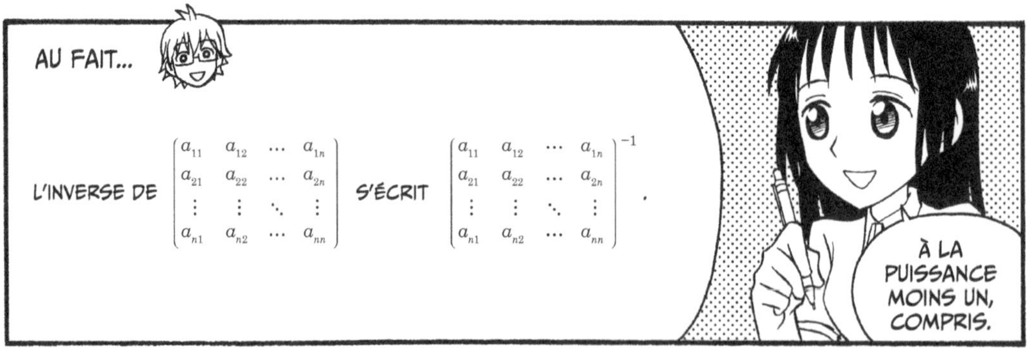
AU FAIT...
L'INVERSE DE $\begin{pmatrix} a_{11} & a_{12} & \cdots & a_{1n} \\ a_{21} & a_{22} & \cdots & a_{2n} \\ \vdots & \vdots & \ddots & \vdots \\ a_{n1} & a_{n2} & \cdots & a_{nn} \end{pmatrix}$ S'ÉCRIT $\begin{pmatrix} a_{11} & a_{12} & \cdots & a_{1n} \\ a_{21} & a_{22} & \cdots & a_{2n} \\ \vdots & \vdots & \ddots & \vdots \\ a_{n1} & a_{n2} & \cdots & a_{nn} \end{pmatrix}^{-1}$.
À LA PUISSANCE MOINS UN, COMPRIS.

ON AURAIT AUSSI PU CALCULER $\begin{pmatrix} a_{11} & a_{12} \\ a_{21} & a_{22} \end{pmatrix}^{-1}$ AVEC...
$\begin{pmatrix} a_{11} & a_{12} \\ a_{21} & a_{22} \end{pmatrix}^{-1} = \frac{1}{a_{11}a_{22} - a_{12}a_{21}} \begin{pmatrix} a_{22} & -a_{12} \\ -a_{21} & a_{11} \end{pmatrix}$
...CETTE FORMULE.
HEIN ?
ESSAYONS-LA SUR L'EXEMPLE PRÉCÉDENT. $\begin{pmatrix} 3 & 1 \\ 1 & 2 \end{pmatrix}^{-1} =$
$\frac{1}{3 \cdot 2 - 1 \cdot 1} \begin{pmatrix} 2 & -1 \\ -1 & 3 \end{pmatrix}$
$= \frac{1}{5} \begin{pmatrix} 2 & -1 \\ -1 & 3 \end{pmatrix}$
$= \begin{pmatrix} \frac{2}{5} & -\frac{1}{5} \\ -\frac{1}{5} & \frac{3}{5} \end{pmatrix}$
ON OBTIENT LE MÊME RÉSULTAT !
MAIS ALORS... POURQUOI S'EMBÊTER AVEC L'AUTRE MÉTHODE ?
AH, EH BIEN...
CETTE FORMULE N'EST VALABLE QUE POUR DES MATRICES 2×2.
POUR CALCULER L'INVERSE D'UNE MATRICE PLUS GRANDE, ON UTILISE LA MÉTHODE DU PIVOT DE GAUSS.
HUM
DOMMAGE...

ENSUITE, JE VOUDRAIS TE MONTRER COMMENT ON DÉTERMINE SI UNE MATRICE ADMET OU NON UN INVERSE.
CERTAINES MATRICES N'ONT PAS D'INVERSE ?
EH NON. ESSAYE D'APPLIQUER LA FORMULE À LA MATRICE SUIVANTE :
$\begin{pmatrix} 3 & 6 \\ 1 & 2 \end{pmatrix}^{-1}$
VOYONS VOIR...
$\begin{pmatrix} 3 & 6 \\ 1 & 2 \end{pmatrix}^{-1} = \frac{1}{3 \cdot 2 - 6 \cdot 1} \begin{pmatrix} 2 & -6 \\ -1 & 3 \end{pmatrix}$
OH NON, LE DÉNOMINATEUR S'ANNULE !
TU AS RAISON.
ENCORE UNE CHOSE : UNE MATRICE INVERSE EST TOUJOURS INVERSIBLE, BIEN SÛR.
INVERSIBLES
$\begin{pmatrix} 3 & 1 \\ 1 & 2 \end{pmatrix} \begin{pmatrix} \frac{2}{5} & -\frac{1}{5} \\ -\frac{1}{5} & \frac{3}{5} \end{pmatrix} = \begin{pmatrix} 1 & 0 \\ 0 & 1 \end{pmatrix}$
NON INVERSIBLE
$\begin{pmatrix} 3 & 6 \\ 1 & 2 \end{pmatrix}$
ÇA SE TIENT !

DÉTERMINANTS
ET MAINTENANT, LE TEST POUR SAVOIR SI UNE MATRICE EST INVERSIBLE.
$\det \begin{pmatrix} a_{11} & a_{12} & \cdots & a_{1n} \\ a_{21} & a_{22} & \cdots & a_{2n} \\ \vdots & \vdots & \ddots & \vdots \\ a_{n1} & a_{n2} & \cdots & a_{nn} \end{pmatrix}$
ON UTILISE CETTE FONCTION.
ELLE S'ÉCRIT AUSSI AVEC DEUX BARRES VERTICALES, COMME CECI : $\begin{vmatrix} a_{11} & a_{12} & \cdots & a_{1n} \\ a_{21} & a_{22} & \cdots & a_{2n} \\ \vdots & \vdots & \ddots & \vdots \\ a_{n1} & a_{n2} & \cdots & a_{nn} \end{vmatrix}$
« det » ?
determinant
C'EST L'ABRÉVIATION DE *DÉTERMINANT*.
EST-CE QU'UNE MATRICE DONNÉE ADMET UN INVERSE ?
$\det \begin{pmatrix} a_{11} & a_{12} & \cdots & a_{1n} \\ a_{21} & a_{22} & \cdots & a_{2n} \\ \vdots & \vdots & \ddots & \vdots \\ a_{n1} & a_{n2} & \cdots & a_{nn} \end{pmatrix} \neq 0$ signifie que $\begin{pmatrix} a_{11} & a_{12} & \cdots & a_{1n} \\ a_{21} & a_{22} & \cdots & a_{2n} \\ \vdots & \vdots & \ddots & \vdots \\ a_{n1} & a_{n2} & \cdots & a_{nn} \end{pmatrix}^{-1}$ existe.
UNE MATRICE EST INVERSIBLE SI ET SEULEMENT SI SON DÉTERMINANT N'EST PAS NUL.
HUM.

CALCULER DES DÉTERMINANTS
$n=2$
$\begin{pmatrix} a_{11} & a_{12} \\ a_{21} & a_{22} \end{pmatrix}$
$n=3$
$\begin{pmatrix} a_{11} & a_{12} & a_{13} \\ a_{21} & a_{22} & a_{23} \\ a_{31} & a_{32} & a_{33} \end{pmatrix}$
IL Y A PLUSIEURS FAÇONS DE CALCULER UN DÉTERMINANT. CELLE QUI EST LA MIEUX ADAPTÉE DÉPEND DE LA TAILLE DE LA MATRICE.
COMMENÇONS PAR LA FORMULE POUR LES MATRICES DE TAILLE 2.
OK !
LE DÉTERMINANT D'UNE MATRICE 2×2 S'OBTIENT AVEC CETTE FORMULE :
$\det\begin{pmatrix} a_{11} & a_{12} \\ a_{21} & a_{22} \end{pmatrix} = a_{11}a_{22} - a_{12}a_{21}$
POUR LA RETENIR, METS TES DOIGTS COMME ÇA.
① + ② −
$\det\begin{pmatrix} a_{11} & a_{12} \\ a_{21} & a_{22} \end{pmatrix}$
AH OUI, FACILE !

REGARDONS SI $\begin{pmatrix} 3 & 0 \\ 0 & 2 \end{pmatrix}$ ADMET UN INVERSE.
$\det \begin{pmatrix} 3 & 0 \\ 0 & 2 \end{pmatrix} = 3 \cdot 2 - 0 \cdot 0 = 6$
OUI, CAR $\det \begin{pmatrix} 3 & 0 \\ 0 & 2 \end{pmatrix} \neq 0$.
EN PASSANT, LE PARALLÉLOGRAMME DÉFINI PAR LES POINTS SUIVANTS :
• L' ORIGINE (0,0)
• LE POINT (a_{11}, a_{21})
• LE POINT (a_{12}, a_{22})
• LE POINT $(a_{11} + a_{12}, a_{21} + a_{22})$
A POUR AIRE LA VALEUR ABSOLUE DE
$\det \begin{pmatrix} a_{11} & a_{12} \\ a_{21} & a_{22} \end{pmatrix}$
y
a_{22}
a_{21}
O
a_{12}
a_{11}
x
DONC $\begin{pmatrix} 3 & 0 \\ 0 & 2 \end{pmatrix}$ RESSEMBLE À ÇA ?
y
2
6
O
3
x

POUR CALCULER LE DÉTERMINANT D'UNE MATRICE 3×3, TU PEUX UTILISER LA FORMULE SUIVANTE.

ON L'APPELLE PARFOIS *LA RÈGLE DE SARRUS*.

$$\det\begin{pmatrix} a_{11} & a_{12} & a_{13} \\ a_{21} & a_{22} & a_{23} \\ a_{31} & a_{32} & a_{33} \end{pmatrix} = a_{11}a_{22}a_{33} + a_{12}a_{23}a_{31} + a_{13}a_{21}a_{32} - a_{13}a_{22}a_{31} - a_{12}a_{21}a_{33} - a_{11}a_{23}a_{32}$$

LA RÈGLE DE SARRUS

Recopie la matrice puis ajoute à sa droite ses deux premières colonnes.
Ajoute les produits des diagonales descendantes (en traits pleins) et soustrais les produits des diagonales ascendantes (en traits pointillés).
Cela fournit la règle de Sarrus et c'est bien plus facile à retenir !

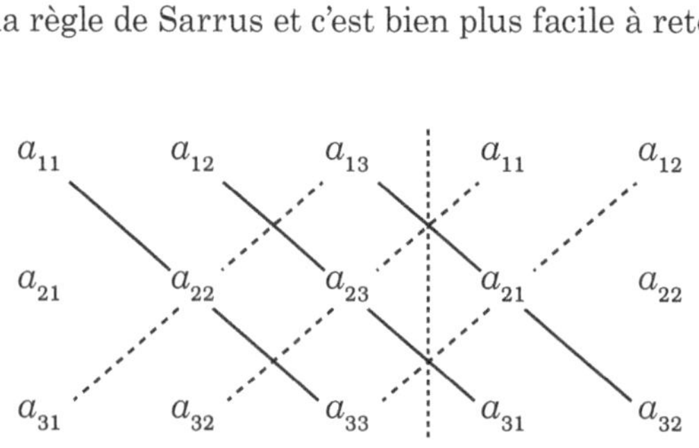

REGARDONS SI $\begin{pmatrix} 1 & 0 & 0 \\ 1 & 1 & -1 \\ -2 & 0 & 3 \end{pmatrix}$ ADMET UN INVERSE.

$$\det\begin{pmatrix} 1 & 0 & 0 \\ 1 & 1 & -1 \\ -2 & 0 & 3 \end{pmatrix} = 1\cdot 1\cdot 3 + 0\cdot(-1)\cdot(-2) + 0\cdot 1\cdot 0 - (-2)\cdot 1\cdot 0 - 0\cdot(-1)\cdot 1 - 3\cdot 1\cdot 0$$

$$= 3 + 0 + 0 - 0 - 0 - 0$$

$$= 3$$

$\det\begin{pmatrix} 1 & 0 & 0 \\ 1 & 1 & -1 \\ -2 & 0 & 3 \end{pmatrix} \neq 0$ DONC CETTE MATRICE AUSSI A UN INVERSE !

EN PASSANT, LE PARALLÉLÉPIPÈDE DÉFINI PAR LES POINTS SUIVANTS :

- L'ORIGINE $(0,0,0)$
- LE POINT (a_{11}, a_{21}, a_{31})
- LE POINT (a_{12}, a_{22}, a_{32})
- LE POINT (a_{13}, a_{23}, a_{33})
- LE POINT $(a_{11} + a_{12}, a_{21} + a_{22}, a_{31} + a_{32})$
- LE POINT $(a_{11} + a_{13}, a_{21} + a_{23}, a_{31} + a_{33})$
- LE POINT $(a_{12} + a_{13}, a_{22} + a_{23}, a_{32} + a_{33})$
- LE POINT $(a_{11} + a_{12} + a_{13}, a_{21} + a_{22} + a_{23}, a_{31} + a_{32} + a_{33})$

A POUR VOLUME LA VALEUR ABSOLUE DE

$$\det\begin{pmatrix} a_{11} & a_{12} & a_{13} \\ a_{21} & a_{22} & a_{23} \\ a_{31} & a_{32} & a_{33} \end{pmatrix}$$

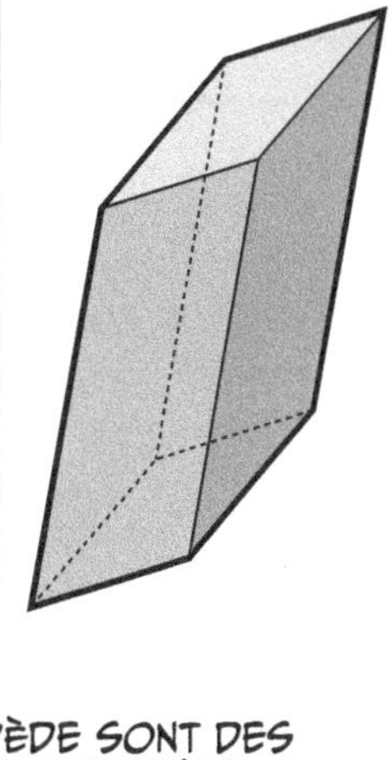

LES SIX FACES D'UN PARALLÉLÉPIPÈDE SONT DES PARALLÉLOGRAMMES. DEUX FACES OPPOSÉES SONT PARALLÈLES ET ONT MÊME AIRE.

ET MAINTENANT LES MATRICES 4×4, JE SUPPOSE…
C'EST ÇA.
HI HI
ENCORE DES TRUCS DE CE GENRE ?
HÉLAS NON… LA TRISTE VÉRITÉ EST QUE LES FORMULES POUR CALCULER DES DÉTERMINANTS EN DIMENSION 4 ET PLUS SONT TRÈS COMPLIQUÉES.
NAN !
MAIS ALORS, COMMENT ON FAIT ?
?
POUR LES CALCULER…

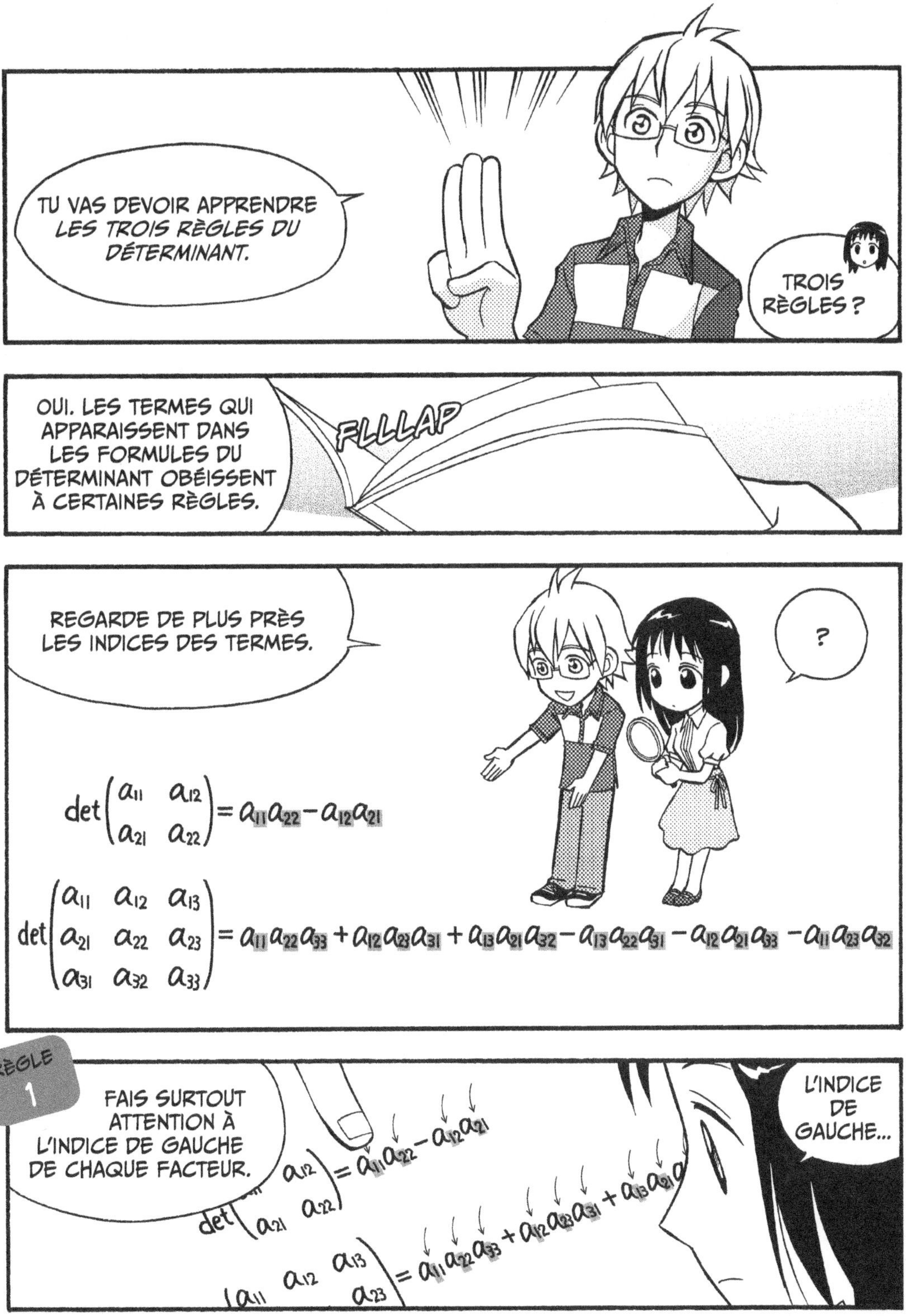
TU VAS DEVOIR APPRENDRE LES TROIS RÈGLES DU DÉTERMINANT.
TROIS RÈGLES ?
OUI. LES TERMES QUI APPARAISSENT DANS LES FORMULES DU DÉTERMINANT OBÉISSENT À CERTAINES RÈGLES.
FLLLAP
REGARDE DE PLUS PRÈS LES INDICES DES TERMES.
?
$\det\begin{pmatrix} a_{11} & a_{12} \\ a_{21} & a_{22} \end{pmatrix} = a_{11}a_{22} - a_{12}a_{21}$
$\det\begin{pmatrix} a_{11} & a_{12} & a_{13} \\ a_{21} & a_{22} & a_{23} \\ a_{31} & a_{32} & a_{33} \end{pmatrix} = a_{11}a_{22}a_{33} + a_{12}a_{23}a_{31} + a_{13}a_{21}a_{32} - a_{13}a_{22}a_{31} - a_{12}a_{21}a_{33} - a_{11}a_{23}a_{32}$
RÈGLE 1
FAIS SURTOUT ATTENTION À L'INDICE DE GAUCHE DE CHAQUE FACTEUR.
L'INDICE DE GAUCHE...

OH ! ILS VONT TOUJOURS DE 1 JUSQU'AU NOMBRE DE LIGNES !
EXACT.
$\det\begin{pmatrix} a_{11} & a_{12} \\ a_{21} & a_{22} \end{pmatrix} = a_{11}a_{22} - a_{12}a_{21}$
1 2 1 2
$\det\begin{pmatrix} a_{11} & a_{12} & a_{13} \\ a_{21} & a_{22} & a_{23} \\ a_{31} & a_{32} & a_{33} \end{pmatrix} = a_{11}a_{22}a_{33} + a_{12}a_{23}a_{31} + a_{13}a_{21}a_{32} - a_{13}a_{22}a_{31} - a_{12}a_{21}a_{33} - a_{11}a_{23}a_{32}$
1 2 3 1 2 3 1 2 3 1 2 3 1 2 3 1 2 3
ET ÇA, C'EST LA RÈGLE NUMÉRO UN.
RÈGLE 2
MAINTENANT, REGARDE LES INDICES DE DROITE.
HUM... ILS ONT L'AIR TIRÉS AU HASARD...
EN FAIT, NON, ILS ÉNUMÈRENT TOUTES LES PERMUTATIONS SUR LES INDICES.
C'EST LA RÈGLE NUMÉRO DEUX.
AH OUI, VU !
$a_{11}a_{22} - a_{12}a_{21}$
1 2 2 1
PERMUTATIONS DE {1;2}
MOTIF 1 1 2
MOTIF 2 2 1
PERMUTATIONS DE {1;2;3}
MOTIF 1 1 2 3
MOTIF 2 1 3 2
MOTIF 3 2 1 3
MOTIF 4 2 3 1
MOTIF 5 3 1 2
MOTIF 6 3 2 1
$a_{11}a_{22}a_{33} + a_{12}a_{23}a_{31} + a_{13}a_{21}a_{32} - a_{13}a_{22}a_{31} - a_{12}a_{21}a_{33} - a_{11}a_{23}a_{32}$
1 2 3 2 3 1 3 1 2 3 2 1 2 1 3 1 3 2

	PERMUTATION	TERME	ÉCHANGES
MOTIF 1	1 2	$a_{11}a_{22}$	
MOTIF 2	2 1	$a_{12}a_{21}$	2 ET 1

	PERMUTATION	TERME	ÉCHANGES		
MOTIF 1	1 2 3	$a_{11}a_{22}a_{33}$			
MOTIF 2	1 3 2	$a_{11}a_{23}a_{32}$			3 ET 2
MOTIF 3	2 1 3	$a_{12}a_{21}a_{33}$	2 ET 1		
MOTIF 4	2 3 1	$a_{12}a_{23}a_{31}$	2 ET 1	3 ET 1	
MOTIF 5	3 1 2	$a_{13}a_{21}a_{32}$		3 ET 1	3 ET 2
MOTIF 6	3 2 1	$a_{13}a_{22}a_{31}$	2 ET 1	3 ET 1	3 ET 2

	PERMUTATION	TERME	ÉCHANGES	NB ÉCHANGES	SIGNE
MOTIF 1	1 2	$a_{11}a_{22}$		0	+
MOTIF 2	2 1	$a_{12}a_{21}$	2 ET 1	1	−

	PERMUTATION	TERME	ÉCHANGES			NB ÉCHANGES	SIGNE
MOTIF 1	1 2 3	$a_{11}a_{22}a_{33}$				0	+
MOTIF 2	1 3 2	$a_{11}a_{23}a_{32}$			3 ET 2	1	−
MOTIF 3	2 1 3	$a_{12}a_{21}a_{33}$	2 ET 1			1	−
MOTIF 4	2 3 1	$a_{12}a_{23}a_{31}$	2 ET 1	3 ET 1		2	+
MOTIF 5	3 1 2	$a_{13}a_{21}a_{32}$		3 ET 1	3 ET 2	2	+
MOTIF 6	3 2 1	$a_{13}a_{22}a_{31}$	2 ET 1	3 ET 1	3 ET 2	3	−

COMME ÇA.

HUM...

$$\det\begin{pmatrix} a_{11} & a_{12} \\ a_{21} & a_{22} \end{pmatrix} = a_{11}a_{22} - a_{12}a_{21}$$

TERME	SIGNE
$a_{11}a_{22}$	+
$a_{12}a_{21}$	−

$$\det\begin{pmatrix} a_{11} & a_{12} & a_{13} \\ a_{21} & a_{22} & a_{23} \\ a_{31} & a_{32} & a_{33} \end{pmatrix} = a_{11}a_{22}a_{33} + a_{12}a_{23}a_{31} + a_{13}a_{21}a_{32} - a_{13}a_{22}a_{31} - a_{12}a_{21}a_{33} - a_{11}a_{23}a_{32}$$

TERME	SIGNE
$a_{11}a_{22}a_{33}$	+
$a_{11}a_{23}a_{32}$	−
$a_{12}a_{21}a_{33}$	−
$a_{12}a_{23}a_{31}$	+
$a_{13}a_{21}a_{32}$	+
$a_{13}a_{22}a_{31}$	−

WOUAAH...

CE SONT LES MÊMES !

EXACTEMENT, ET C'EST LA TROISIÈME RÈGLE.

	PERMUTATION				TERME				ÉCHANGES						NOMBRE ÉCHANGES	SIGNE
MOTIF 1	1	2	3	4	a_{11}	a_{22}	a_{33}	a_{44}							0	+
MOTIF 2	1	2	4	3	a_{11}	a_{22}	a_{34}	a_{43}						4 et 3	1	−
MOTIF 3	1	3	2	4	a_{11}	a_{23}	a_{32}	a_{44}			3 et 2				1	−
MOTIF 4	1	3	4	2	a_{11}	a_{23}	a_{34}	a_{42}			3 et 2		4 et 2		2	+
MOTIF 5	1	4	2	3	a_{11}	a_{24}	a_{32}	a_{43}					4 et 2	4 et 3	2	+
MOTIF 6	1	4	3	2	a_{11}	a_{24}	a_{33}	a_{42}			3 et 2		4 et 2	4 et 3	3	−
MOTIF 7	2	1	3	4	a_{12}	a_{21}	a_{33}	a_{44}	2 et 1						1	−
MOTIF 8	2	1	4	3	a_{12}	a_{21}	a_{34}	a_{43}	2 et 1					4 et 3	2	+
MOTIF 9	2	3	1	4	a_{12}	a_{23}	a_{31}	a_{44}	2 et 1	3 et 1					2	+
MOTIF 10	2	3	4	1	a_{12}	a_{23}	a_{34}	a_{41}	2 et 1	3 et 1		4 et 1			3	−
MOTIF 11	2	4	1	3	a_{12}	a_{24}	a_{31}	a_{43}	2 et 1			4 et 1		4 et 3	3	−
MOTIF 12	2	4	3	1	a_{12}	a_{24}	a_{33}	a_{41}	2 et 1	3 et 1		4 et 1		4 et 3	4	+
MOTIF 13	3	1	2	4	a_{13}	a_{21}	a_{32}	a_{44}		3 et 1	3 et 2				2	+
MOTIF 14	3	1	4	2	a_{13}	a_{21}	a_{34}	a_{42}		3 et 1	3 et 2		4 et 2		3	−
MOTIF 15	3	2	1	4	a_{13}	a_{22}	a_{31}	a_{44}	2 et 1	3 et 1	3 et 2				3	−
MOTIF 16	3	2	4	1	a_{13}	a_{22}	a_{34}	a_{41}	2 et 1	3 et 1	3 et 2	4 et 1			4	+
MOTIF 17	3	4	1	2	a_{13}	a_{24}	a_{31}	a_{42}		3 et 1	3 et 2	4 et 1	4 et 2		4	+
MOTIF 18	3	4	2	1	a_{13}	a_{24}	a_{32}	a_{41}	2 et 1	3 et 1	3 et 2	4 et 1	4 et 2		5	−
MOTIF 19	4	1	2	3	a_{14}	a_{21}	a_{32}	a_{43}				4 et 1	4 et 2	4 et 3	3	−
MOTIF 20	4	1	3	2	a_{14}	a_{21}	a_{33}	a_{42}			3 et 2	4 et 1	4 et 2	4 et 3	4	+
MOTIF 21	4	2	1	3	a_{14}	a_{22}	a_{31}	a_{43}	2 et 1			4 et 1	4 et 2	4 et 3	4	+
MOTIF 22	4	2	3	1	a_{14}	a_{22}	a_{33}	a_{41}	2 et 1	3 et 1		4 et 1	4 et 2	4 et 3	5	−
MOTIF 23	4	3	1	2	a_{14}	a_{23}	a_{31}	a_{42}		3 et 1	3 et 2	4 et 1	4 et 2	4 et 3	5	−
MOTIF 24	4	3	2	1	a_{14}	a_{23}	a_{32}	a_{41}	2 et 1	3 et 1	3 et 2	4 et 1	4 et 2	4 et 3	6	+

SI ÇA TOMBE À L'EXAMEN, JE SUIS CUITE...
NE T'INQUIÈTE PAS, LA PLUPART DES EXERCICES CONCERNENT DES MATRICES 2×2 OU 3×3.
PFIOU...
J'ESPÈRE...
JE CROIS QUE ÇA SUFFIT POUR AUJOURD'HUI. ON A VU BEAUCOUP DE NOUVELLES NOTIONS !
MERCI REIJI. TU ES LE MEILLEUR !
JE N'AI PAS VU LE TEMPS PASSER...
...
PEUT-ÊTRE QUE JE...

VOULEZ-VOUS UN SAC ?
OH LÀ, IL EST TARD...
BAM !
TIENS. IL NE DEVRAIT PLUS Y AVOIR PERSONNE À CETTE HEURE-CI.
ガン
BAM !
ガン
BAM !

CALCULER ET UTILISER DES DÉTERMINANTS

CALCULER UN DÉTERMINANT GRÂCE AUX COFACTEURS

Le déterminant d'une matrice peut s'obtenir en calculant des déterminants de matrices plus petites. Le *mineur* $A_{i,j}$ d'une matrice A à l'indice (i,j) est le déterminant de la matrice qui se déduit de A en enlevant sa ligne i et sa colonne j. Par exemple :

$$\text{si} \quad A = \begin{pmatrix} 1 & 0 & 0 \\ 1 & 1 & -1 \\ -2 & 0 & 3 \end{pmatrix} \quad \text{alors} \quad A_{2,3} = \det \begin{pmatrix} 1 & 0 & \square \\ \square & \square & \square \\ -2 & 0 & \square \end{pmatrix} = \begin{vmatrix} 1 & 0 \\ -2 & 0 \end{vmatrix}$$

Le *cofacteur* à l'indice (i,j) est $C_{i,j} = (-1)^{i+j} A_{i,j}$. Le résultat important est que le déterminant de A est égal à la somme des $a_{i,j}C_{i,j}$ le long de n'importe quelle ligne ou colonne de A. Par exemple, développons $\det A$ le long de la première colonne :

$$\det A = 1 \times \begin{vmatrix} \square & \square & \square \\ \square & 1 & -1 \\ \square & 0 & 3 \end{vmatrix} - 1 \times \begin{vmatrix} \square & 0 & 0 \\ \square & \square & \square \\ \square & 0 & 3 \end{vmatrix} + (-2) \times \begin{vmatrix} \square & 0 & 0 \\ \square & 1 & -1 \\ \square & \square & \square \end{vmatrix}$$

$$= \begin{vmatrix} 1 & -1 \\ 0 & 3 \end{vmatrix} - \begin{vmatrix} 0 & 0 \\ 0 & 3 \end{vmatrix} - 2 \begin{vmatrix} 0 & 0 \\ 1 & -1 \end{vmatrix}$$

$$= [1 \times 3 - 0 \times (-1)] - [0 \times 3 - 0 \times 0] - 2[0 \times (-1) - 1 \times 0]$$

$$\det A = 3$$

Si on observe la matrice A, on constate que c'est plutôt le long de la première ligne qu'il est judicieux de développer $\det A$ puisque les coefficients $a_{1,2}$ et $a_{1,3}$ sont nuls :

$$\det A = 1 \times \begin{vmatrix} 1 & -1 \\ 0 & 3 \end{vmatrix} = 3$$

On peut calculer ce déterminant 2×2 par la formule usuelle des déterminants 2×2, mais aussi en le développant par rapport à la première colonne, ce qui fournit le résultat sans aucun calcul.

Remarquons que cette construction récursive des déterminants permet de retrouver les formules pour les matrices 2×2 et 3×3 sans faire intervenir les permutations :

$$\begin{vmatrix} a & b \\ c & d \end{vmatrix} = a \times \begin{vmatrix} \square & \square \\ \square & d \end{vmatrix} - c \times \begin{vmatrix} \square & b \\ \square & \square \end{vmatrix} = ad - cb$$

$$\begin{vmatrix} a & b & c \\ d & e & f \\ g & h & i \end{vmatrix} = a \times \begin{vmatrix} \square & \square & \square \\ \square & e & f \\ \square & h & i \end{vmatrix} - d \times \begin{vmatrix} \square & b & c \\ \square & \square & \square \\ \square & h & i \end{vmatrix} + g \times \begin{vmatrix} \square & b & c \\ \square & e & f \\ \square & \square & \square \end{vmatrix}$$

$$= a(ei - hf) - d(bi - hc) + g(bf - ec)$$

$$= aei + bfg + cdh - gec - hfa - idb \qquad \text{(règle de Sarrus)}$$

INVERSER UNE MATRICE GRÂCE AUX COFACTEURS

Si $A = (a_{i,j})$ est inversible, alors $A^{-1} = \dfrac{1}{\det A}(C_{i,j})^T$: l'inverse se calcule à l'aide de la *matrice des cofacteurs* $(C_{i,j})$, aussi appelée *comatrice* de A, que l'on transpose. Par exemple,

$$\begin{pmatrix} 1 & 0 & 0 \\ 1 & 1 & -1 \\ -2 & 0 & 3 \end{pmatrix}^{-1} = \frac{1}{3}\begin{pmatrix} \begin{vmatrix} 1 & -1 \\ 0 & 3 \end{vmatrix} & -\begin{vmatrix} 0 & 0 \\ 0 & 3 \end{vmatrix} & \begin{vmatrix} 0 & 0 \\ 1 & -1 \end{vmatrix} \\ -\begin{vmatrix} 1 & -1 \\ -2 & 3 \end{vmatrix} & \begin{vmatrix} 1 & 0 \\ -2 & 3 \end{vmatrix} & -\begin{vmatrix} 1 & 0 \\ 1 & -1 \end{vmatrix} \\ \begin{vmatrix} 1 & 1 \\ -2 & 0 \end{vmatrix} & -\begin{vmatrix} 1 & 0 \\ -2 & 0 \end{vmatrix} & \begin{vmatrix} 1 & 0 \\ 1 & 1 \end{vmatrix} \end{pmatrix} = \frac{1}{3}\begin{pmatrix} 3 & 0 & 0 \\ -1 & 3 & 1 \\ 2 & 0 & 1 \end{pmatrix}$$

RÈGLES DE CALCUL DES DÉTERMINANTS

Connaître quelques cas particuliers simplifie les calculs de déterminants.

- Le déterminant d'une matrice diagonale ou triangulaire (supérieure ou inférieure) est égal au produit des termes sur sa diagonale.

$$\begin{vmatrix} 1 & 0 & 0 \\ 2 & 4 & 0 \\ 3 & 5 & 6 \end{vmatrix} = 1 \times 4 \times 6 = 24$$

  En particulier,

  - le déterminant d'une matrice (carrée) nulle est 0 ;

$$\begin{vmatrix} 0 & 0 \\ 0 & 0 \end{vmatrix} = 0$$

  - le déterminant d'une matrice identité est 1.

$$\begin{vmatrix} 1 & 0 \\ 0 & 1 \end{vmatrix} = 1$$

- Le déterminant d'une matrice est nul dès qu'elle possède l'une des caractéristiques suivantes :

  - une ligne nulle ou une colonne nulle ;

$$\begin{vmatrix} 1 & 0 & 4 \\ 2 & 0 & 5 \\ 3 & 0 & 6 \end{vmatrix} = 0 = \begin{vmatrix} 1 & 2 & 3 \\ 0 & 0 & 0 \\ 4 & 5 & 6 \end{vmatrix}$$

  - deux lignes identiques ou proportionnelles ;

$$\begin{vmatrix} 1 & 2 & 3 \\ 4 & 5 & 6 \\ 4 & 5 & 6 \end{vmatrix} = 0 = \begin{vmatrix} 1 & 2 & 3 \\ 4 & 5 & 6 \\ 2 & 4 & 6 \end{vmatrix}$$

– deux colonnes identiques ou proportionnelles.

$$\begin{vmatrix}1&4&4\\2&5&5\\3&6&6\end{vmatrix}=0=\begin{vmatrix}1&4&2\\2&5&4\\3&6&6\end{vmatrix}$$

– Deux matrices transposées ont le même déterminant : $\det(A^T)=\det A$.

$$\begin{vmatrix}1&2\\3&4\end{vmatrix}=\begin{vmatrix}1&3\\2&4\end{vmatrix}$$

– Le déterminant d'une inverse est l'inverse du déterminant : $\det(A^{-1})=(\det A)^{-1}$.

$$\begin{pmatrix}1&0\\3&2\end{pmatrix}\times\begin{pmatrix}1&0\\-\frac{3}{2}&\frac{1}{2}\end{pmatrix}=\begin{pmatrix}1&0\\0&1\end{pmatrix}\quad\text{avec}\quad\begin{vmatrix}1&0\\3&2\end{vmatrix}=2\quad\text{et}\quad\begin{vmatrix}1&0\\-\frac{3}{2}&\frac{1}{2}\end{vmatrix}=\frac{1}{2}$$

– Le déterminant du produit est le produit des déterminants : $\det(AB)=(\det A)(\det B)$.

$$\begin{vmatrix}1&0\\3&2\end{vmatrix}=2,\quad\begin{vmatrix}2&3\\0&1\end{vmatrix}=2\quad\text{et}\quad\det\left[\begin{pmatrix}1&0\\3&2\end{pmatrix}\times\begin{pmatrix}2&3\\0&1\end{pmatrix}\right]=\begin{vmatrix}2&3\\6&11\end{vmatrix}=2\times11-6\times3=4$$

– Le déterminant est multilinéaire : en notant $(C_1|\cdots|C_n)$ les colonnes d'une matrice,

$$\det(C1|\cdots|C_k^a+C_k^b|\cdots|C_n)=\det(C1|\cdots|C_k^a|\cdots|C_n)+\det(C1|\cdots|C_k^b|\cdots|C_n)$$

$$\begin{vmatrix}1&4+5&10\\2&6+7&11\\3&8+9&12\end{vmatrix}=\begin{vmatrix}1&4&10\\2&6&11\\3&8&12\end{vmatrix}+\begin{vmatrix}1&5&10\\2&7&11\\3&9&12\end{vmatrix}$$

On peut aussi simplifier le calcul d'un déterminant en faisant apparaître des 0, comme dans le pivot de Gauss. En effet, les opérations suivantes ne changent pas le déterminant :

– ajouter à une ligne un multiple d'une autre ligne ;

$$\begin{vmatrix}1&0&0\\1&1&-1\\-2&0&3\end{vmatrix}\begin{matrix}\\L_2\leftarrow L_2-L_1\\L_3\leftarrow L_3+2L_1\end{matrix}\quad=\quad\begin{vmatrix}1&0&0\\0&1&-1\\0&0&3\end{vmatrix}\quad=\quad1\times1\times3\quad=\quad3$$

– ajouter à une colonne un multiple d'une autre colonne.

Par contre, les opérations suivantes changent le déterminant :

– multiplier une ligne ou une colonne par un réel λ multiplie aussi le déterminant par λ ; en d'autres termes, si on factorise tous les termes d'une ligne (ou d'une colonne) par λ, on peut « sortir » λ du déterminant :

$$\begin{vmatrix}2&0\\4&3\end{vmatrix}=2\times\begin{vmatrix}1&0\\2&3\end{vmatrix}$$

– permuter deux lignes ou deux colonnes change le signe du déterminant.

$$\begin{vmatrix}1&4&7\\2&5&8\\3&6&9\end{vmatrix}=-\begin{vmatrix}4&1&7\\5&2&8\\6&3&9\end{vmatrix}$$

POUR ALLER PLUS LOIN

RÉSOUDRE UN SYSTÈME AVEC LA RÈGLE DE CRAMER

Page 91, on a vu comment résoudre un système d'équations par étapes avec le pivot de Gauss. Il existe d'autres manières de procéder, et celle qu'il faut connaître est la règle de Cramer qui donne directement le résultat : si un système est écrit sous forme matricielle AX = B, c'est-à-dire

$$\begin{pmatrix} a_{1,1} & a_{1,2} & \cdots & a_{1,n} \\ a_{2,1} & a_{2,2} & \cdots & a_{2,n} \\ \vdots & \vdots & \ddots & \vdots \\ a_{n,1} & a_{n,2} & \cdots & a_{n,n} \end{pmatrix} \begin{pmatrix} x_1 \\ x_2 \\ \vdots \\ x_n \end{pmatrix} = \begin{pmatrix} b_1 \\ b_2 \\ \vdots \\ b_n \end{pmatrix}$$

et si $\det A \neq 0$, alors pour tout $1 \leqslant k \leqslant n$ on obtient x_k à l'aide du déterminant suivant, dans lequel on a remplacé la k-ième colonne de A par le vecteur colonne B :

$$x_k = \frac{1}{\det A} \begin{vmatrix} a_{1,1} & a_{1,2} & \cdots & a_{1,k-1} & \boldsymbol{b_1} & a_{1,k+1} & \cdots & a_{1,n} \\ a_{2,1} & a_{2,2} & \cdots & a_{2,k-1} & \boldsymbol{b_2} & a_{2,k+1} & \cdots & a_{2,n} \\ \vdots & \vdots & & \vdots & \vdots & \vdots & & \vdots \\ a_{n,1} & a_{n,2} & \cdots & a_{n,k-1} & \boldsymbol{b_n} & a_{n,k+1} & \cdots & a_{n,n} \end{vmatrix}$$

Par exemple, le système $\begin{pmatrix} 1 & 0 & 0 \\ 1 & 1 & -1 \\ -2 & 0 & 3 \end{pmatrix} \begin{pmatrix} x \\ y \\ z \end{pmatrix} = \begin{pmatrix} 1 \\ 2 \\ 3 \end{pmatrix}$ a pour solutions :

$$x = \frac{1}{3} \begin{vmatrix} \mathbf{1} & 0 & 0 \\ \mathbf{2} & 1 & -1 \\ \mathbf{3} & 0 & 3 \end{vmatrix} = \frac{1}{3} \times 1 \begin{vmatrix} 1 & -1 \\ 0 & 3 \end{vmatrix} = \frac{1}{3} \times 3 = 1$$

$$y = \frac{1}{3} \begin{vmatrix} 1 & \mathbf{1} & 0 \\ 1 & \mathbf{2} & -1 \\ -2 & \mathbf{3} & 3 \end{vmatrix} \begin{matrix} \\ L_2 \leftarrow L_2 - L_1 \\ L_3 \leftarrow L_3 + 2L_1 \end{matrix} = \frac{1}{3} \begin{vmatrix} 1 & 1 & 0 \\ 0 & 1 & -1 \\ 0 & 5 & 3 \end{vmatrix} = \frac{1}{3} \times 1 \begin{vmatrix} 1 & -1 \\ 5 & 3 \end{vmatrix} = \frac{8}{3}$$

$$z = \frac{1}{3} \begin{vmatrix} 1 & 0 & \mathbf{1} \\ 1 & 1 & \mathbf{2} \\ -2 & 0 & \mathbf{3} \end{vmatrix} \begin{matrix} \\ L_2 \leftarrow L_2 - L_1 \\ L_3 \leftarrow L_3 + 2L_1 \end{matrix} = \frac{1}{3} \begin{vmatrix} 1 & 1 & 0 \\ 0 & 1 & 1 \\ 0 & 0 & 5 \end{vmatrix} = \frac{5}{3}$$

Vérifions :

$$\begin{cases} x = 1 \\ x + y - z = \frac{3}{3} + \frac{8}{3} - \frac{5}{3} = \frac{6}{3} = 2 \\ -2x + 3z = -\frac{6}{3} + \frac{15}{3} = \frac{9}{3} = 3 \end{cases}$$

Ça marche !

La règle de Cramer est séduisante mais en pratique elle est moins efficace que le pivot de Gauss, sauf pour un système 2×2.

COMMENT INTERPRÉTER LE DÉTERMINANT ?

Le déterminant est un nombre que l'on peut associer à toute matrice (carrée) à l'aide de la formule compliquée qui fait intervenir des permutations. Cette définition ne nous dit pas, toutefois, quelle interprétation donner à ce nombre. Regardons quelques exemples.

Dans $\mathbb{R}$, une matrice, par exemple (3), ne contient qu'un seul nombre qui indique par combien elle multiplie l'unité : le vecteur (1) est ici multiplié par 3. Comme det(3) = 3, le déterminant s'interprète comme une longueur algébrique (positive ou négative).

Dans $\mathbb{R}^2$, la première colonne de la matrice indique sur quel vecteur est envoyé le vecteur $\vec{\imath}(1,0)$ et la deuxième colonne sur quel vecteur est envoyé $\vec{\jmath}(0,1)$:

$$\begin{pmatrix} a & b \\ c & d \end{pmatrix}\begin{pmatrix} 1 \\ 0 \end{pmatrix} = \begin{pmatrix} a \\ c \end{pmatrix} \quad \text{et} \quad \begin{pmatrix} a & b \\ c & d \end{pmatrix}\begin{pmatrix} 0 \\ 1 \end{pmatrix} = \begin{pmatrix} b \\ d \end{pmatrix}$$

Ainsi, la matrice $A = \begin{pmatrix} 3 & 0 \\ 0 & 2 \end{pmatrix}$ transforme $\vec{\imath}$ en $3\vec{\imath}$ et $\vec{\jmath}$ en $2\vec{\jmath}$. On remarque que son déterminant, 3×2, est égal à l'aire du rectangle de côtés $3\vec{\imath}$ et $2\vec{\jmath}$.

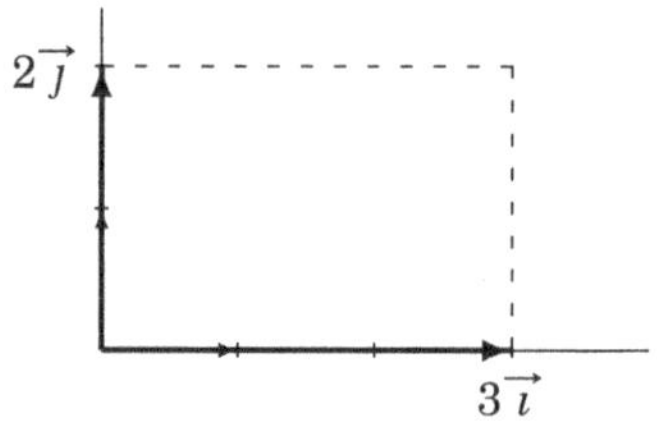

De son côté, $B = \begin{pmatrix} 3 & 1 \\ 1 & 2 \end{pmatrix}$ transforme $\vec{\imath}$ en $\vec{u} = 3\vec{\imath} + \vec{\jmath}$ et $\vec{\jmath}$ en $\vec{v} = \vec{\imath} + 2\vec{\jmath}$. Considérons le parallélogramme OQSP construit sur $\vec{u}$ et $\vec{v}$. Son aire $\mathscr{A}$ vaut OP × QH où H est le projeté orthogonal de Q sur (OP), donc

$$\mathscr{A} = \sqrt{3^2 + 1^2} \times \sqrt{\left(\tfrac{1}{2}\right)^2 + \left(\tfrac{3}{2}\right)^2} = \sqrt{10} \times \sqrt{\tfrac{10}{4}} = \frac{\sqrt{100}}{\sqrt{4}} = 5$$

On constate que cette aire coïncide avec $\det B = 6 - 1 = 5$.

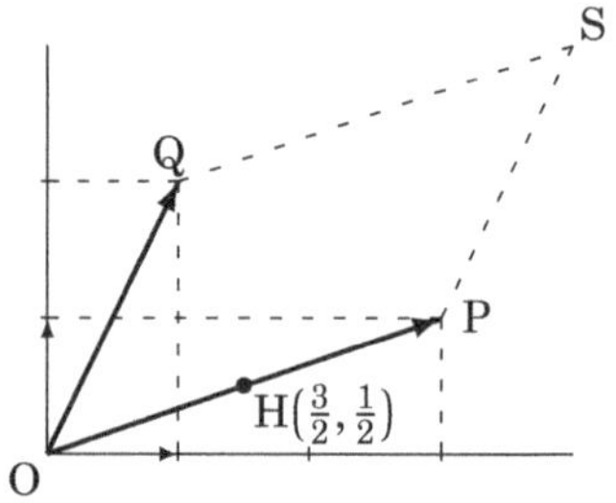

Dans $\mathbb{R}^2$, le déterminant s'interprète (en valeur absolue) comme l'aire du parallélogramme construit sur les images des vecteurs $\vec{\imath}$ et $\vec{\jmath}$. (On comprend ainsi graphiquement pourquoi deux colonnes proportionnelles donnent un déterminant nul.) Son signe reflète le signe de l'angle entre ces vecteurs.

Dans $\mathbb{R}^3$, le déterminant d'une matrice s'interprète (en valeur absolue) comme le volume du parallélépipède construit sur les images des vecteurs $\vec{\imath}$, $\vec{\jmath}$ et $\vec{k}$. Les coordonnées de ces vecteurs sont données, respectivement, par la première, la deuxième et la troisième colonne de la matrice. Le signe du déterminant reflète l'orientation du parallélépipède.

Dans $\mathbb{R}^n$, le déterminant d'une matrice s'interprète (en valeur absolue) comme l'« hypervolume » de l'« hyperpallélépipède » construit sur les images des vecteurs de la base.

5

INTRODUCTION AUX VECTEURS

ENCORE UNE MINUTE !
BAM
HAN
HAN
OSSU !
TU PEUX FAIRE MIEUX QUE ÇA !
PAF
VAS-Y À FOND !
OSSU !
BAM
SUPER !
ÇA SUFFIT POUR AUJOURD'HUI.
PFFF
HAN
HAN
EN... ENCORE !

JE PEUX EN FAIRE PLUS !
TU TIENS À PEINE DEBOUT !
BOUM
WAH !!
RIEN QU'UNE SÉRIE DE PLUS !
JE NE SUIS PAS ENCORE DEVENU ASSEZ FORT !
HÉ HÉ, ÇA ME VA !
OSSU !

AUJOURD'HUI, ON VA PARLER DES VECTEURS.
SOIS TRÈS ATTENTIVE CAR ILS APPARAISSENT SOUVENT EN ALGÈBRE LINÉAIRE.
BASES
FONDAMENTAUX
MATRICES
VECTEURS
APPLICATIONS LINÉAIRES
VALEURS PROPRES ET VECTEURS PROPRES
D'ACCORD !
PLAN DU COURS
BLAM
REIJI, ÇA VA ?
TU PRÉFÈRES QU'ON SE VOIE DEMAIN ?
NON NON, ÇA VA.
LAISSE-MOI JUSTE CINQ MINUTES POUR DIGÉRER CE DÉLICIEUX REPAS, ET JE SERAI D'ATTAQUE !
QUE SONT LES VECTEURS ?
5 MINUTES PLUS TARD
DÉSOLÉ. PRÊTE ?
RESSUSCITÉ
PARLONS DES VECTEURS !
LES VECTEURS NE SONT À VRAI DIRE QU'UNE MANIÈRE DE VOIR LES MATRICES.
VRAIMENT ?

QUEL GENRE DE MANIÈRE ?
IL SERA PLUS FACILE D'EXPLIQUER À L'AIDE D'UN EXEMPLE.
LE MINIGOLF DEVRAIT FOURNIR UNE EXCELLENTE MÉTAPHORE.
LE MINIGOLF ?
NE SOIS PAS INTIMIDÉE – MON PUTT N'EST PLUS CE QU'IL ÉTAIT.
GOAL
HA HA! LE MIEN NON PLUS !
POINT DE DÉPART
x_2
4
O
7
x_1
NOTRE TERRAIN RESSEMBLERA À ÇA.
INTRODUIRE DES COORDONNÉES FACILITE LES EXPLICATIONS.
LE POINT DE DÉPART EST EN (0, 0) ET LE TROU EST EN (7, 4), C'EST ÇA ?

JOUEUR 1
REIJI YURINO

ÉTAPES

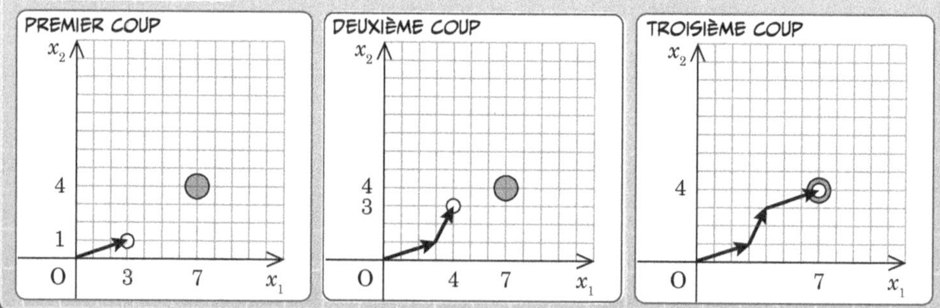

COORDONNÉES

	premier coup	deuxième coup	troisième coup
Position de la balle	point (3, 1)	point (4, 3)	point (7, 4)
Déplacement de la balle depuis sa position précédente	3 vers la droite, 1 vers le haut	1 vers la droite, 2 vers le haut	3 vers la droite, 1 vers le haut
Coordonnées du déplacement total de la balle	(3, 1)	(3, 1) + (1, 2) = (4, 3)	(3, 1) + (1, 2) + (3, 1) = (7, 4)

JOUEUR 2

MISA ICHINOSE

ÉTAPES

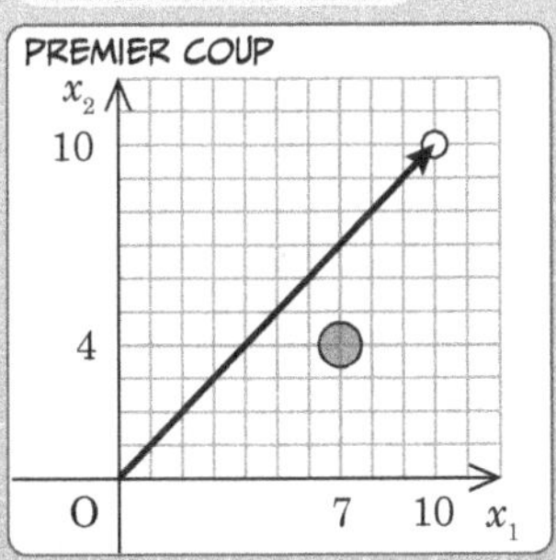

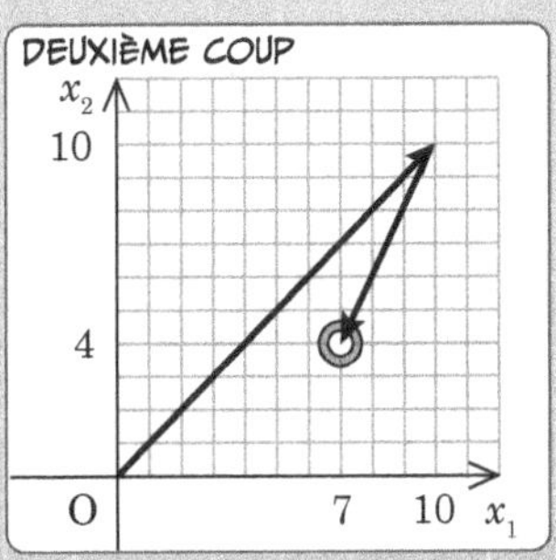

COORDONNÉES

	premier coup	deuxième coup
Position de la balle	point (10, 10)	point (7, 4)
Déplacement de la balle depuis sa position précédente	10 vers la droite, 10 vers le haut	−3 vers la droite, −6 vers le haut
Coordonnées du déplacement total de la balle	(10, 10)	(10, 10) + (−3, −6) = (7, 4)

JOUEUR 3
TETSUO ICHINOSE

ÉTAPES

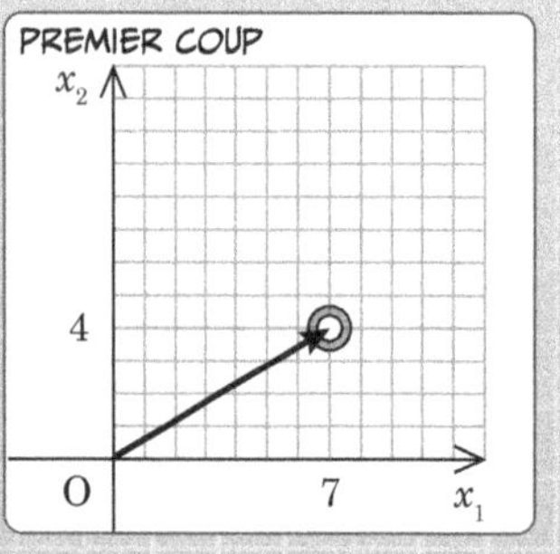

COORDONNÉES

	premier coup
Position de la balle	point (7, 4)
Déplacement de la balle depuis sa position précédente	7 vers la droite, 4 vers le haut
Coordonnées du déplacement total de la balle	(7, 4)

AU MOINS, ON A TOUS RENTRÉ LA BALLE!
START
GOAL
SOUVIENS-TOI DU MINIGOLF PENDANT QU'ON PARLERA DES VECTEURS.
Matrices $1 \times n$
1 ligne, n colonnes
$(a_1 \; a_2 \cdots a_n)$
matrices $n \times 1$
n lignes, 1 colonne
$\begin{pmatrix} a_1 \\ a_2 \\ \vdots \\ a_n \end{pmatrix}$
LES *VECTEURS* PEUVENT ÊTRE VUS DE QUATRE MANIÈRES DIFFÉRENTES.
JE VAIS TE DONNER UN APERÇU DE CHACUNE D'ELLES.
POUR FIXER LES IDÉES, J'UTILISERAI LA MATRICE $(7, 4)$, QUI EST 1×2, AINSI QUE LA MATRICE $\begin{pmatrix} 7 \\ 4 \end{pmatrix}$, QUI EST 2×1.
POUR LES VECTEURS, ON PEUT UTILISER L'UNE OU L'AUTRE INDIFFÉREMMENT.
D'ACCORD.

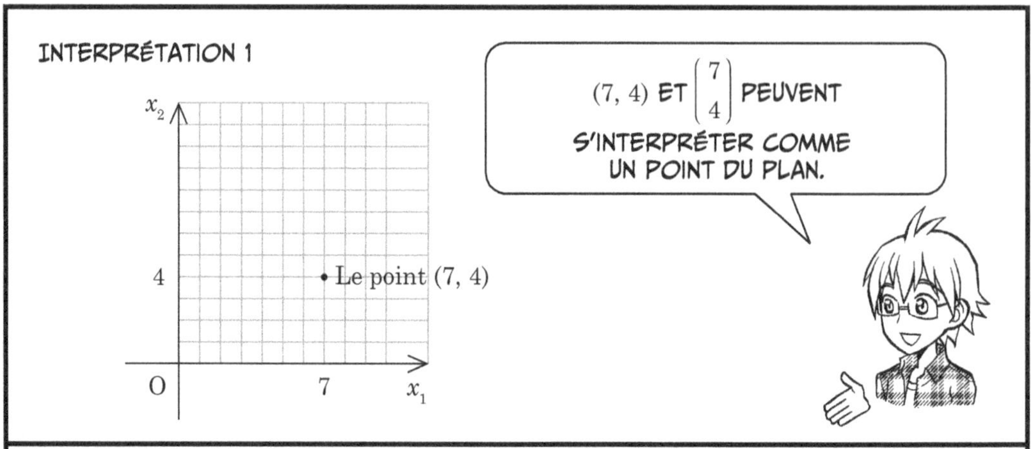
INTERPRÉTATION 1
x_2
4
• Le point (7, 4)
O
7
x_1
(7, 4) ET $\begin{pmatrix} 7 \\ 4 \end{pmatrix}$ PEUVENT S'INTERPRÉTER COMME UN POINT DU PLAN.

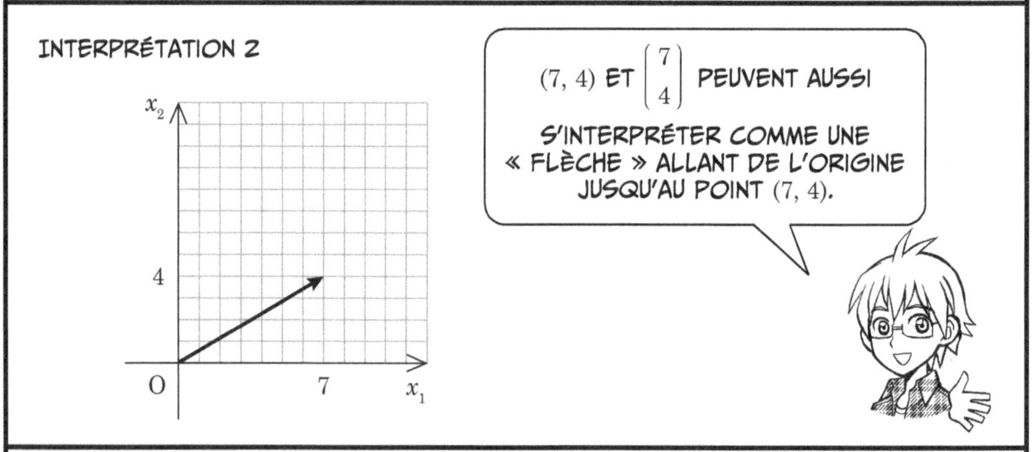
INTERPRÉTATION 2
x_2
4
O
7
x_1
(7, 4) ET $\begin{pmatrix} 7 \\ 4 \end{pmatrix}$ PEUVENT AUSSI S'INTERPRÉTER COMME UNE « FLÈCHE » ALLANT DE L'ORIGINE JUSQU'AU POINT (7, 4).

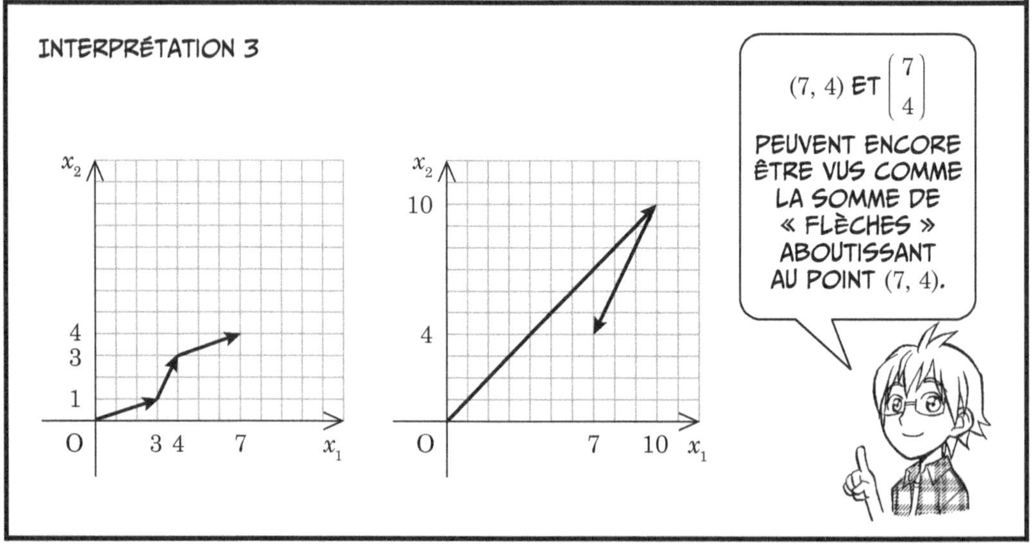
INTERPRÉTATION 3
x_2
4
3
1
O
3 4
7
x_1
x_2
10
4
O
7
10
x_1
(7, 4) ET $\begin{pmatrix} 7 \\ 4 \end{pmatrix}$ PEUVENT ENCORE ÊTRE VUS COMME LA SOMME DE « FLÈCHES » ABOUTISSANT AU POINT (7, 4).

INTERPRÉTATION 4
x_2
4
0
7
x_1
ENFIN, (7, 4) ET $\begin{pmatrix} 7 \\ 4 \end{pmatrix}$ PEUVENT REPRÉSENTER N'IMPORTE QUELLE FLÈCHE DE CE DESSIN, OU MÊME TOUTES CES FLÈCHES !
ATTENDS UNE SECONDE.
JUSQUE-LÀ JE TE SUIVAIS, MAIS...
COMMENT CES FLÈCHES POURRAIENT-ELLES TOUTES REPRÉSENTER (7, 4) ET $\begin{pmatrix} 7 \\ 4 \end{pmatrix}$ ALORS QU'IL N'Y EN A PAS DEUX QUI PARTENT DU MÊME POINT ?
ELLES ONT TOUTES UN POINT DE DÉPART DIFFÉRENT,
MAIS ELLES FONT TOUTES «SEPT PAS VERS LA DROITE ET QUATRE PAS VERS LE HAUT».
D'ACCORD !
JE CROIS QUE C'EST BON.

LES VECTEURS SONT UN PEU MYSTÉRIEUX, TU NE TROUVES PAS ?
EH BIEN...
C'EST VRAI QU'ILS DONNENT CETTE IMPRESSION AU DÉBUT.
MAIS...
UNE FOIS QUE TU AS ACQUIS LES BASES, TU PEUX LES APPLIQUER À TOUTES SORTES DE PROBLÈMES INTÉRESSANTS.
PAR EXEMPLE, ILS SONT SOUVENT UTILISÉS EN PHYSIQUE POUR DÉCRIRE LES FORCES.
COOL !
FORCE DU PUTT
FORCE GRAVITATIONNELLE

CALCULS VECTORIELS

ADDITION

- $(10, 10) + (-3, -6) = (10 + (-3), 10 + (-6)) = (7, 4)$
- $\begin{pmatrix} 10 \\ 10 \end{pmatrix} + \begin{pmatrix} -3 \\ -6 \end{pmatrix} = \begin{pmatrix} 10 + (-3) \\ 10 + (-6) \end{pmatrix} = \begin{pmatrix} 7 \\ 4 \end{pmatrix}$

SOUSTRACTION

- $(10, 10) - (3, 6) = (10 - 3, 10 - 6) = (7, 4)$
- $\begin{pmatrix} 10 \\ 10 \end{pmatrix} - \begin{pmatrix} 3 \\ 6 \end{pmatrix} = \begin{pmatrix} 10 - 3 \\ 10 - 6 \end{pmatrix} = \begin{pmatrix} 7 \\ 4 \end{pmatrix}$

MULTIPLICATION PAR UN SCALAIRE

- $2\,(3, 1) = (2 \cdot 3, 2 \cdot 1) = (6, 2)$
- $2 \begin{pmatrix} 3 \\ 1 \end{pmatrix} = \begin{pmatrix} 2 \cdot 3 \\ 2 \cdot 1 \end{pmatrix} = \begin{pmatrix} 6 \\ 2 \end{pmatrix}$

MULTIPLICATION MATRICIELLE

- $\begin{pmatrix} 3 \\ 1 \end{pmatrix} (1, 2) = \begin{pmatrix} 3 \cdot 1 & 3 \cdot 2 \\ 1 \cdot 1 & 1 \cdot 2 \end{pmatrix} = \begin{pmatrix} 3 & 6 \\ 1 & 2 \end{pmatrix}$
- $(3, 1) \begin{pmatrix} 1 \\ 2 \end{pmatrix} = (3 \cdot 1 + 1 \cdot 2) = 5$
- $\begin{pmatrix} 8 & -3 \\ 2 & 1 \end{pmatrix} \begin{pmatrix} 3 \\ 1 \end{pmatrix} = \begin{pmatrix} 8 \cdot 3 + (-3) \cdot 1 \\ 2 \cdot 3 + 1 \cdot 1 \end{pmatrix} = \begin{pmatrix} 21 \\ 7 \end{pmatrix} = 7 \begin{pmatrix} 3 \\ 1 \end{pmatrix}$

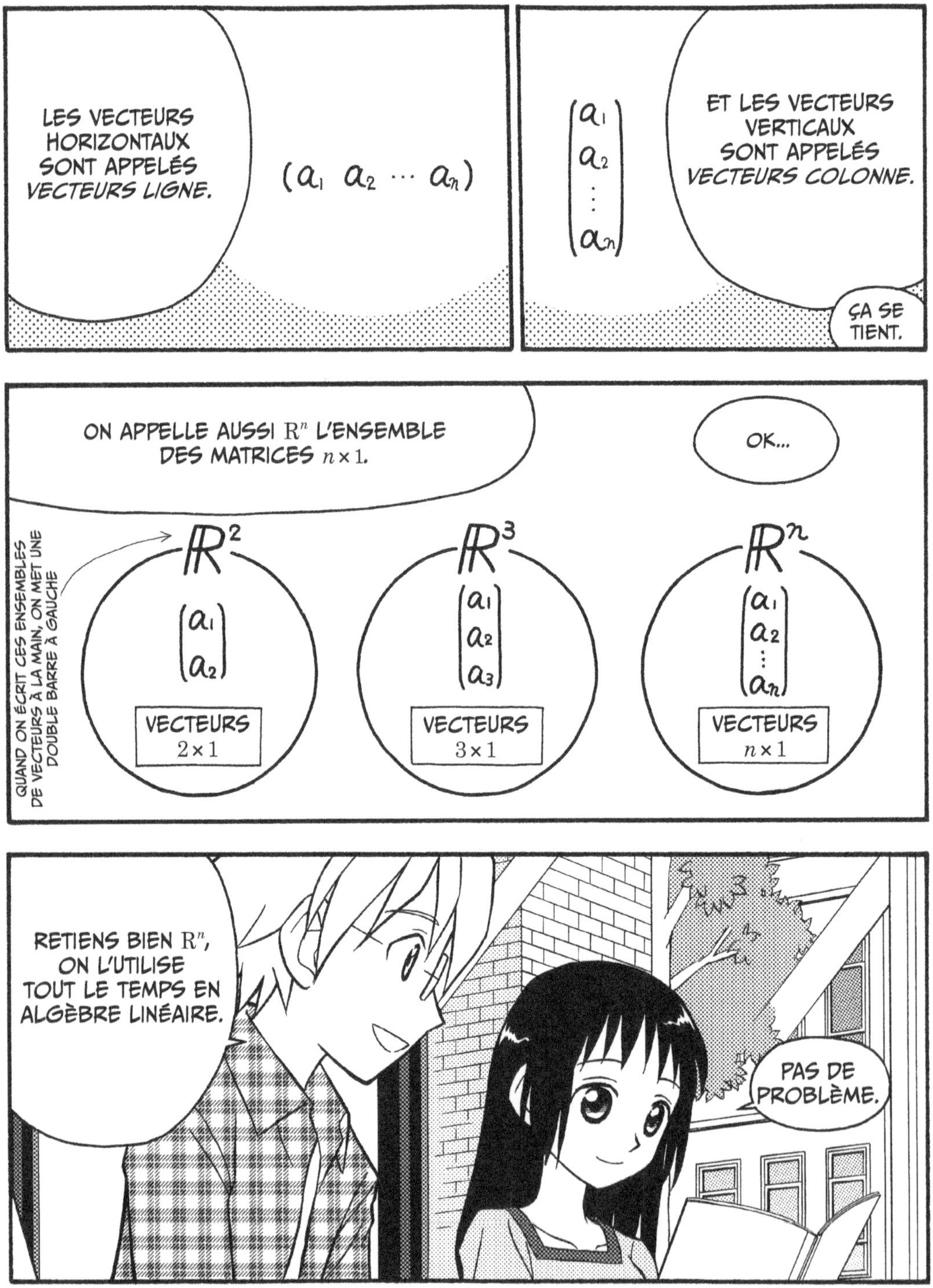
LES VECTEURS HORIZONTAUX SONT APPELÉS *VECTEURS LIGNE.*
$(a_1 \; a_2 \; \cdots \; a_n)$
$\begin{pmatrix} a_1 \\ a_2 \\ \vdots \\ a_n \end{pmatrix}$
ET LES VECTEURS VERTICAUX SONT APPELÉS *VECTEURS COLONNE.*
ÇA SE TIENT.
ON APPELLE AUSSI R^n L'ENSEMBLE DES MATRICES $n \times 1$.
OK...
QUAND ON ÉCRIT CES ENSEMBLES DE VECTEURS À LA MAIN, ON MET UNE DOUBLE BARRE À GAUCHE
$\mathbb{R}^2$
$\begin{pmatrix} a_1 \\ a_2 \end{pmatrix}$
VECTEURS 2×1
$\mathbb{R}^3$
$\begin{pmatrix} a_1 \\ a_2 \\ a_3 \end{pmatrix}$
VECTEURS 3×1
$\mathbb{R}^n$
$\begin{pmatrix} a_1 \\ a_2 \\ \vdots \\ a_n \end{pmatrix}$
VECTEURS $n \times 1$
RETIENS BIEN R^n, ON L'UTILISE TOUT LE TEMPS EN ALGÈBRE LINÉAIRE.
PAS DE PROBLÈME.

INTERPRÉTATIONS GÉOMÉTRIQUES
LA NOTATION PEUT SEMBLER BIZARRE AU DÉBUT, MAIS TU VAS T'Y FAIRE.
ON PEUT DÉCRIRE UN POINT, UNE DROITE, UN PLAN OU UN ESPACE AVEC DES VECTEURS.
UN POINT
NOTONS c UN NOMBRE RÉEL. EST-CE QUE TU VOIS COMMENT LE POINT $(0, c)$ ET LE VECTEUR $c\begin{pmatrix}0\\1\end{pmatrix}$ SONT RELIÉS ?
x_2
le point $(0, c)$
O
x_1
x_2
$c\begin{pmatrix}0\\1\end{pmatrix}$
O
x_1
OUI.
UN AXE
EST-CE QUE TU COMPRENDS CETTE NOTATION ?
$\left\{c\begin{pmatrix}0\\1\end{pmatrix} \middle| c \text{ réel}\right\}$
LA BARRE SE LIT « OÙ ».
x_2
l'axe x_2
O
x_1
x_2
$\left\{c\begin{pmatrix}0\\1\end{pmatrix} \middle| c \text{ réel}\right\}$
O
x_1
YEP.
UNE DROITE
LA DROITE D'ÉQUATION $x_1 = 3$ EST L'ENSEMBLE :
$\left\{3\begin{pmatrix}1\\0\end{pmatrix} + c\begin{pmatrix}0\\1\end{pmatrix} \middle| c \text{ réel}\right\}$
x_2
$x_1 = 3$
O
x_1
x_2
$\left\{3\begin{pmatrix}1\\0\end{pmatrix} + c\begin{pmatrix}0\\1\end{pmatrix} \middle| c \text{ réel}\right\}$
O
x_1
PAS DE SOUCI.

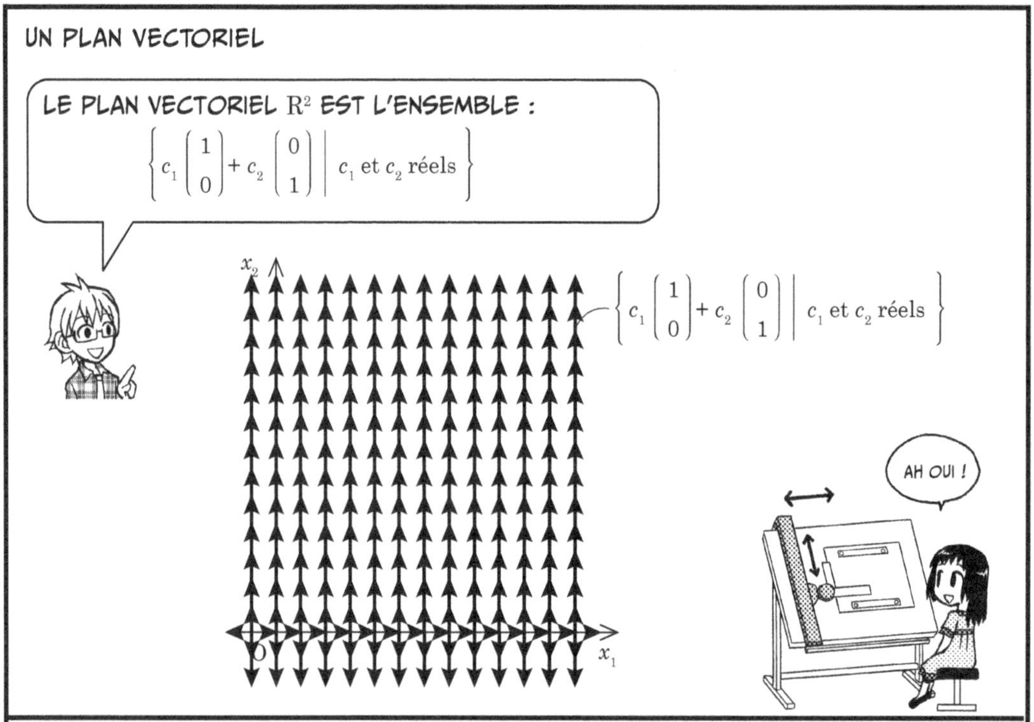
UN PLAN VECTORIEL
LE PLAN VECTORIEL $\mathbb{R}^2$ EST L'ENSEMBLE :
$\left\{ c_1 \begin{pmatrix} 1 \\ 0 \end{pmatrix} + c_2 \begin{pmatrix} 0 \\ 1 \end{pmatrix} \middle| \ c_1 \text{ et } c_2 \text{ réels} \right\}$
x_2
$\left\{ c_1 \begin{pmatrix} 1 \\ 0 \end{pmatrix} + c_2 \begin{pmatrix} 0 \\ 1 \end{pmatrix} \middle| \ c_1 \text{ et } c_2 \text{ réels} \right\}$
O
x_1
AH OUI !

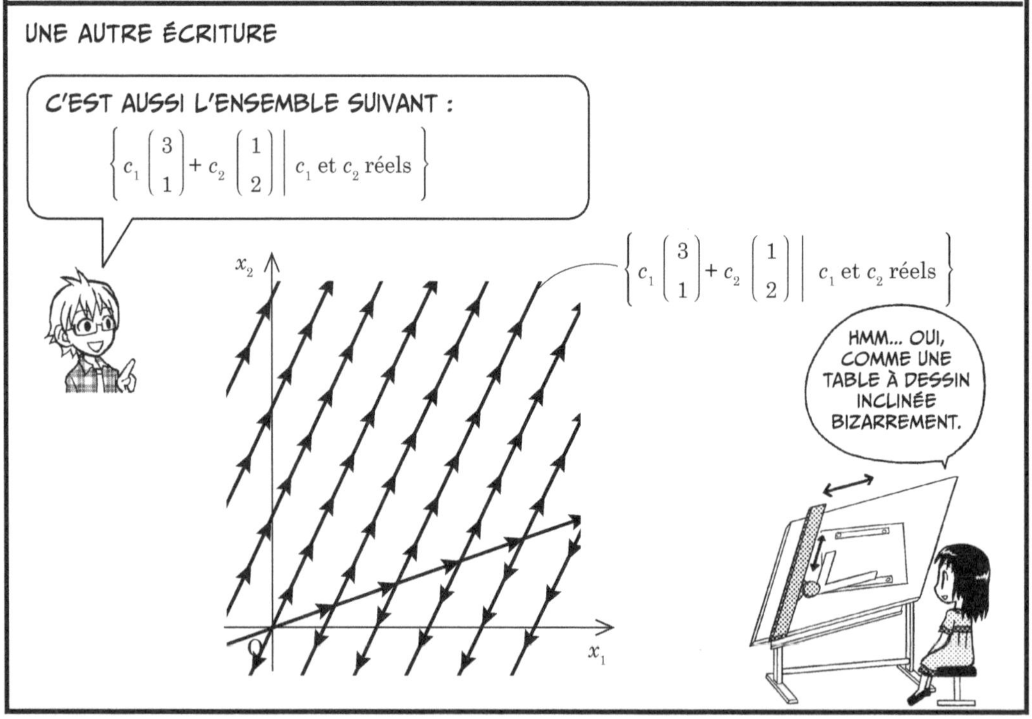
UNE AUTRE ÉCRITURE
C'EST AUSSI L'ENSEMBLE SUIVANT :
$\left\{ c_1 \begin{pmatrix} 3 \\ 1 \end{pmatrix} + c_2 \begin{pmatrix} 1 \\ 2 \end{pmatrix} \middle| \ c_1 \text{ et } c_2 \text{ réels} \right\}$
x_2
$\left\{ c_1 \begin{pmatrix} 3 \\ 1 \end{pmatrix} + c_2 \begin{pmatrix} 1 \\ 2 \end{pmatrix} \middle| \ c_1 \text{ et } c_2 \text{ réels} \right\}$
HMM... OUI, COMME UNE TABLE À DESSIN INCLINÉE BIZARREMENT.
O
x_1

UN ESPACE VECTORIEL

L'ESPACE VECTORIEL $\mathbb{R}^3$ EST L'ÉTAPE SUIVANTE.
IL EST ENGENDRÉ PAR x_1, x_2 ET x_3 ; C'EST L'ENSEMBLE :

$$\left\{ c_1 \begin{pmatrix} 1 \\ 0 \\ 0 \end{pmatrix} + c_2 \begin{pmatrix} 0 \\ 1 \\ 0 \end{pmatrix} + c_3 \begin{pmatrix} 0 \\ 0 \\ 1 \end{pmatrix} \;\middle|\; c_1, c_2 \text{ et } c_3 \text{ réels} \right\}$$

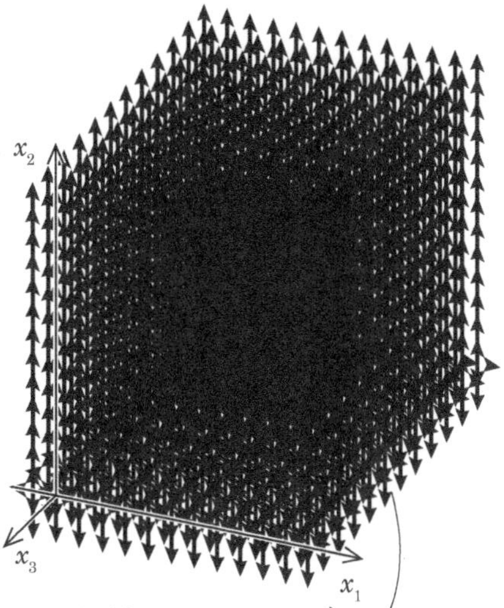

$$\left\{ c_1 \begin{pmatrix} 1 \\ 0 \\ 0 \end{pmatrix} + c_2 \begin{pmatrix} 0 \\ 1 \\ 0 \end{pmatrix} + c_3 \begin{pmatrix} 0 \\ 0 \\ 1 \end{pmatrix} \;\middle|\; c_1, c_2 \text{ et } c_3 \text{ réels} \right\}$$

UN ESPACE VECTORIEL DE DIMENSION QUELCONQUE

MAINTENANT, ESSAYE D'IMAGINER L'ESPACE VECTORIEL $\mathbb{R}^n$ ENGENDRÉ PAR $x_1, x_2, \ldots, x_n$:

$$\left\{ c_1 \begin{pmatrix} 1 \\ 0 \\ \vdots \\ 0 \end{pmatrix} + c_2 \begin{pmatrix} 0 \\ 1 \\ \vdots \\ 0 \end{pmatrix} + \ldots + c_n \begin{pmatrix} 0 \\ 0 \\ \vdots \\ 1 \end{pmatrix} \;\middle|\; c_1, c_2, \ldots, c_n \text{ réels} \right\}$$

HOULA, JE SUIS CLAQUÉE !
FAISONS UNE PAUSE.
BONNE IDÉE !
AU FAIT, REIJI...
POURQUOI AS-TU DÉCIDÉ DE FAIRE DU KARATÉ ?
EH ?
EUH... EH BIEN...
PAS DE RAISON PARTICULIÈRE...
OH !
?
ON FERAIT MIEUX DE S'Y REMETTRE !

6

PLUS DE VECTEURS

BIEN, PASSONS À L'INDÉPENDANCE LINÉAIRE ET AUX BASES.
ALLONS-Y.
LES DEUX NOTIONS SE RESSEMBLENT...
MAIS IL NE FAUT PAS LES CONFONDRE, D'ACCORD ?
JE VAIS ESSAYER.
INDÉPENDANCE LINÉAIRE
ET SI ON COMMENÇAIT PAR UN PETIT QUIZ ?
OK.
PROBLÈME 1
Trouver des constantes c_1 et c_2 qui vérifient l'équation :
$\begin{pmatrix} 0 \\ 0 \end{pmatrix} = c_1 \begin{pmatrix} 1 \\ 0 \end{pmatrix} + c_2 \begin{pmatrix} 0 \\ 1 \end{pmatrix}$
PREMIÈRE QUESTION.

C'EST FACILE.
$\begin{cases} c_1 = 0 \\ c_2 = 0 \end{cases}$
EXACT !
PROBLÈME 2
Trouver des constantes c_1 et c_2 qui vérifient l'équation :
$\begin{pmatrix} 0 \\ 0 \end{pmatrix} = c_1 \begin{pmatrix} 3 \\ 1 \end{pmatrix} + c_2 \begin{pmatrix} 1 \\ 2 \end{pmatrix}$
ALORS, DEUXIÈME QUESTION.
ÇA NE SERAIT PAS ENCORE $\begin{cases} c_1 = 0 \\ c_2 = 0 \end{cases}$?
C'EST BIEN ÇA.
PROBLÈME 3
Trouver des constantes c_1, c_2, c_3 et c_4 qui vérifient l'équation :
$\begin{pmatrix} 0 \\ 0 \end{pmatrix} = c_1 \begin{pmatrix} 1 \\ 0 \end{pmatrix} + c_2 \begin{pmatrix} 0 \\ 1 \end{pmatrix} + c_3 \begin{pmatrix} 3 \\ 1 \end{pmatrix} + c_4 \begin{pmatrix} 1 \\ 2 \end{pmatrix}$
DERNIÈRE QUESTION.
...

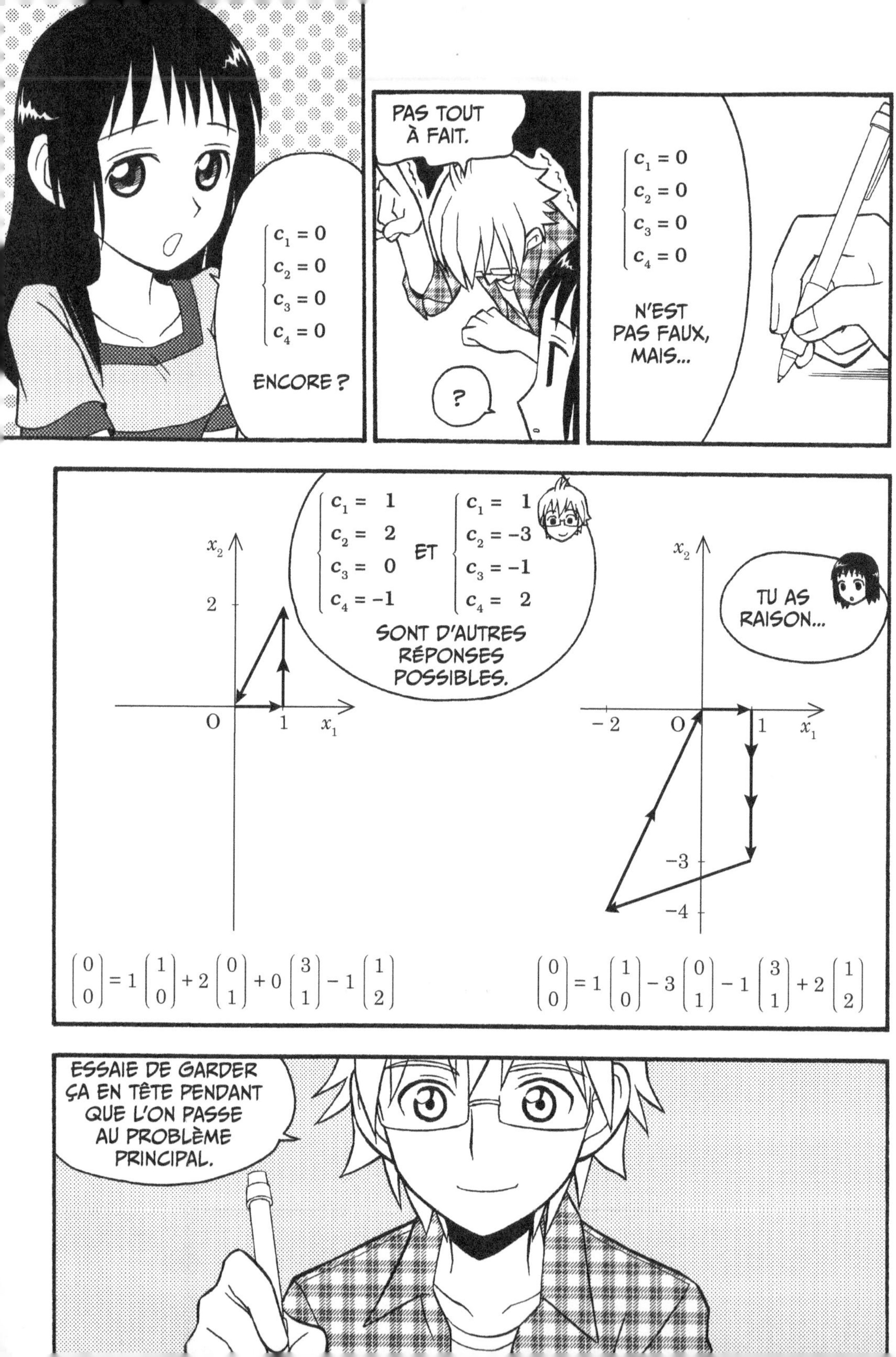

$c_1 = 0$, $c_2 = 0$, $c_3 = 0$, $c_4 = 0$
ENCORE ?
PAS TOUT À FAIT.
?
$c_1 = 0$, $c_2 = 0$, $c_3 = 0$, $c_4 = 0$
N'EST PAS FAUX, MAIS...
$c_1 = 1$, $c_2 = 2$, $c_3 = 0$, $c_4 = -1$ ET $c_1 = 1$, $c_2 = -3$, $c_3 = -1$, $c_4 = 2$
SONT D'AUTRES RÉPONSES POSSIBLES.
TU AS RAISON...
x_2
2
O
1
x_1
x_2
-2
O
1
x_1
-3
-4
$\begin{pmatrix}0\\0\end{pmatrix} = 1\begin{pmatrix}1\\0\end{pmatrix} + 2\begin{pmatrix}0\\1\end{pmatrix} + 0\begin{pmatrix}3\\1\end{pmatrix} - 1\begin{pmatrix}1\\2\end{pmatrix}$
$\begin{pmatrix}0\\0\end{pmatrix} = 1\begin{pmatrix}1\\0\end{pmatrix} - 3\begin{pmatrix}0\\1\end{pmatrix} - 1\begin{pmatrix}3\\1\end{pmatrix} + 2\begin{pmatrix}1\\2\end{pmatrix}$
ESSAIE DE GARDER ÇA EN TÊTE PENDANT QUE L'ON PASSE AU PROBLÈME PRINCIPAL.

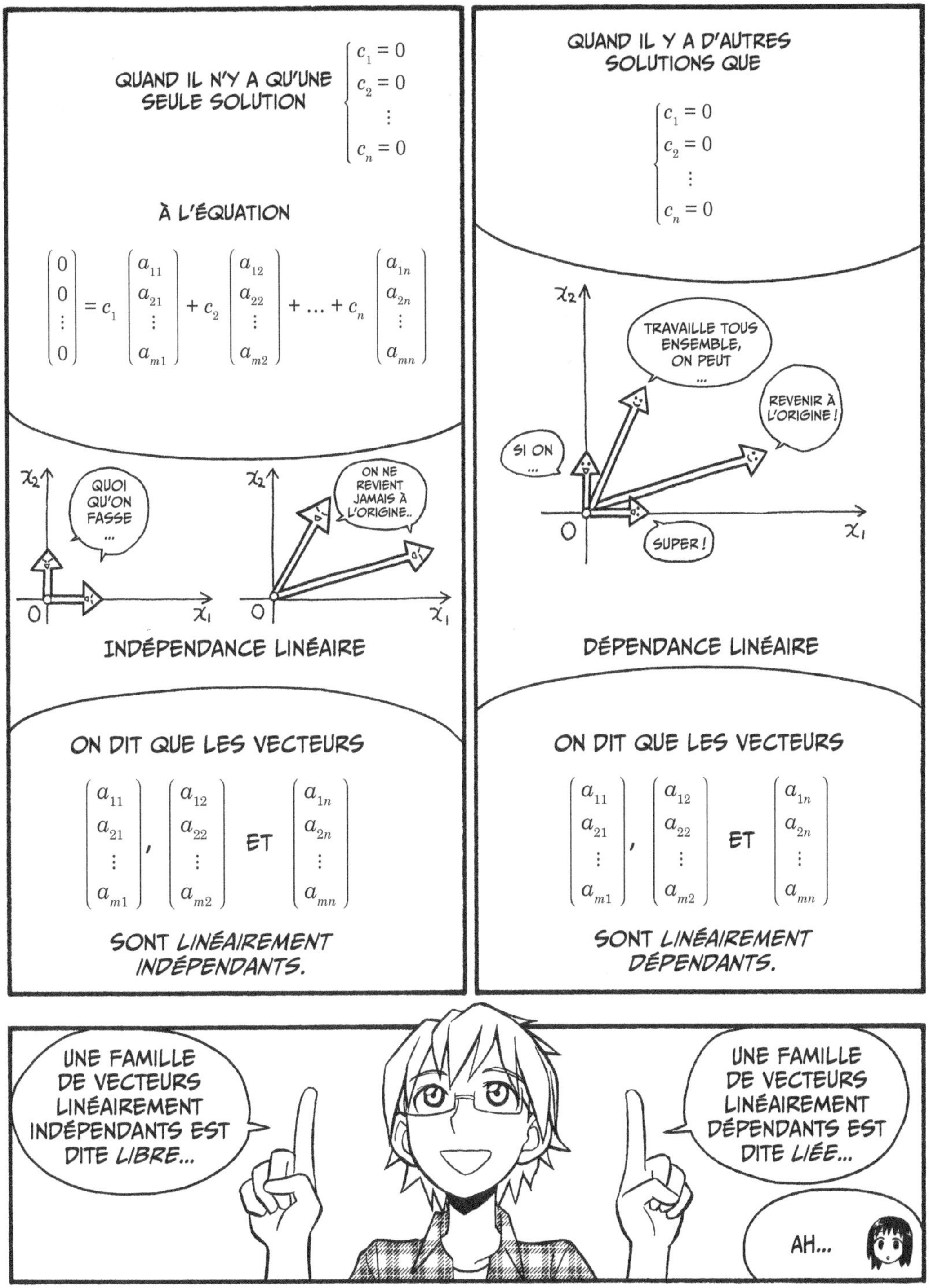
QUAND IL N'Y A QU'UNE SEULE SOLUTION
$\begin{cases} c_1 = 0 \\ c_2 = 0 \\ \vdots \\ c_n = 0 \end{cases}$
À L'ÉQUATION
$\begin{pmatrix} 0 \\ 0 \\ \vdots \\ 0 \end{pmatrix} = c_1 \begin{pmatrix} a_{11} \\ a_{21} \\ \vdots \\ a_{m1} \end{pmatrix} + c_2 \begin{pmatrix} a_{12} \\ a_{22} \\ \vdots \\ a_{m2} \end{pmatrix} + \ldots + c_n \begin{pmatrix} a_{1n} \\ a_{2n} \\ \vdots \\ a_{mn} \end{pmatrix}$
x_2
QUOI QU'ON FASSE ...
O
x_1
x_2
ON NE REVIENT JAMAIS À L'ORIGINE..
O
x_1
INDÉPENDANCE LINÉAIRE
ON DIT QUE LES VECTEURS
$\begin{pmatrix} a_{11} \\ a_{21} \\ \vdots \\ a_{m1} \end{pmatrix}, \begin{pmatrix} a_{12} \\ a_{22} \\ \vdots \\ a_{m2} \end{pmatrix}$ ET $\begin{pmatrix} a_{1n} \\ a_{2n} \\ \vdots \\ a_{mn} \end{pmatrix}$
SONT *LINÉAIREMENT INDÉPENDANTS.*
QUAND IL Y A D'AUTRES SOLUTIONS QUE
$\begin{cases} c_1 = 0 \\ c_2 = 0 \\ \vdots \\ c_n = 0 \end{cases}$
x_2
SI ON ...
TRAVAILLE TOUS ENSEMBLE, ON PEUT ...
REVENIR À L'ORIGINE !
SUPER !
O
x_1
DÉPENDANCE LINÉAIRE
ON DIT QUE LES VECTEURS
$\begin{pmatrix} a_{11} \\ a_{21} \\ \vdots \\ a_{m1} \end{pmatrix}, \begin{pmatrix} a_{12} \\ a_{22} \\ \vdots \\ a_{m2} \end{pmatrix}$ ET $\begin{pmatrix} a_{1n} \\ a_{2n} \\ \vdots \\ a_{mn} \end{pmatrix}$
SONT *LINÉAIREMENT DÉPENDANTS.*
UNE FAMILLE DE VECTEURS LINÉAIREMENT INDÉPENDANTS EST DITE *LIBRE*...
UNE FAMILLE DE VECTEURS LINÉAIREMENT DÉPENDANTS EST DITE *LIÉE*...
AH...

EXEMPLE 1

Les vecteurs $\begin{pmatrix}1\\0\\0\end{pmatrix}$, $\begin{pmatrix}0\\1\\0\end{pmatrix}$ et $\begin{pmatrix}0\\0\\1\end{pmatrix}$

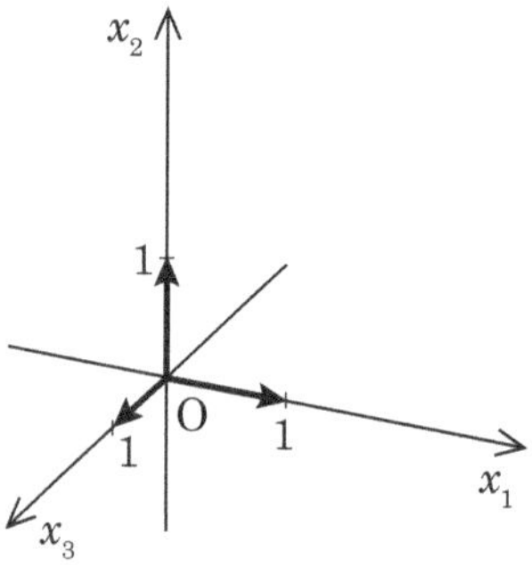

donnent l'équation $\begin{pmatrix}0\\0\\0\end{pmatrix} = c_1\begin{pmatrix}1\\0\\0\end{pmatrix} + c_2\begin{pmatrix}0\\1\\0\end{pmatrix} + c_3\begin{pmatrix}0\\0\\1\end{pmatrix}$

dont l'unique solution est $\begin{cases} c_1 = 0 \\ c_2 = 0 \\ c_3 = 0 \end{cases}$

Les vecteurs sont donc linéairement indépendants.
La famille est libre.

EXEMPLE 2

Les vecteurs $\begin{pmatrix}1\\0\\0\end{pmatrix}$ et $\begin{pmatrix}0\\1\\0\end{pmatrix}$

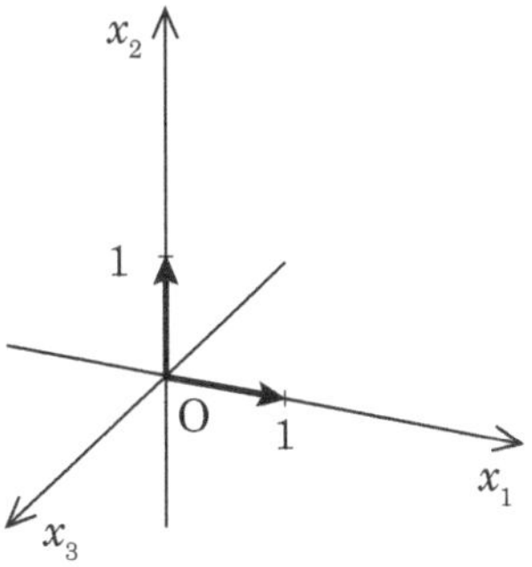

donnent l'équation $$\begin{pmatrix}0\\0\\0\end{pmatrix} = c_1\begin{pmatrix}1\\0\\0\end{pmatrix} + c_2\begin{pmatrix}0\\1\\0\end{pmatrix}$$

dont l'unique solution est $$\begin{cases} c_1 = 0 \\ c_2 = 0 \end{cases}$$

Les vecteurs sont donc linéairement indépendants.
La famille est libre.

PASSONS AUX FAMILLES LIÉES.

EXEMPLE 1

Les vecteurs $\begin{pmatrix}1\\0\\0\end{pmatrix}$, $\begin{pmatrix}0\\1\\0\end{pmatrix}$ et $\begin{pmatrix}3\\1\\0\end{pmatrix}$

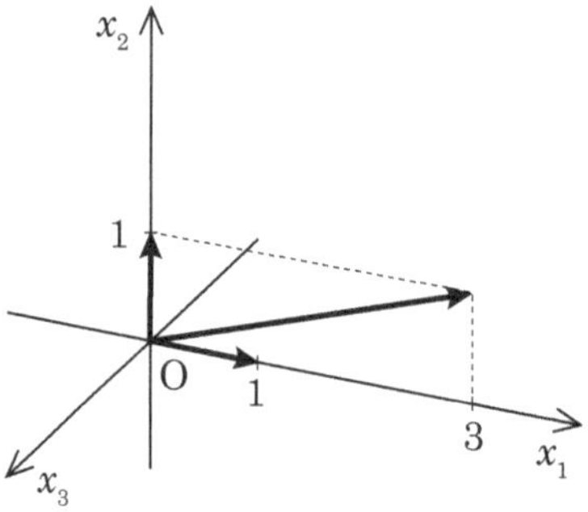

donnent l'équation $$\begin{pmatrix}0\\0\\0\end{pmatrix} = c_1\begin{pmatrix}1\\0\\0\end{pmatrix} + c_2\begin{pmatrix}0\\1\\0\end{pmatrix} + c_3\begin{pmatrix}3\\1\\0\end{pmatrix}$$

qui a plusieurs solutions, par exemple $\begin{cases}c_1 = 0\\c_2 = 0\\c_3 = 0\end{cases}$ et $\begin{cases}c_1 = 3\\c_2 = 1\\c_3 = -1\end{cases}$

Les vecteurs sont donc linéairement dépendants.
La famille est liée.

EXEMPLE 2

Les vecteurs $\begin{pmatrix}1\\0\\0\end{pmatrix}, \begin{pmatrix}0\\1\\0\end{pmatrix}, \begin{pmatrix}0\\0\\1\end{pmatrix}$ et $\begin{pmatrix}a_1\\a_2\\a_3\end{pmatrix}$ sont linéairement dépendants car

l'équation $\begin{pmatrix}0\\0\\0\end{pmatrix} = c_1\begin{pmatrix}1\\0\\0\end{pmatrix} + c_2\begin{pmatrix}0\\1\\0\end{pmatrix} + c_3\begin{pmatrix}0\\0\\1\end{pmatrix} + c_4\begin{pmatrix}a_1\\a_2\\a_3\end{pmatrix}$

admet plusieurs solutions, par exemple $\begin{cases} c_1 = 0\\ c_2 = 0\\ c_3 = 0\\ c_4 = 0\end{cases}$ et $\begin{cases} c_1 = a_1\\ c_2 = a_2\\ c_3 = a_3\\ c_4 = -1\end{cases}$

Plus généralement, la famille de vecteurs $m \times 1$ $\left(\begin{pmatrix}1\\0\\\vdots\\0\end{pmatrix}, \begin{pmatrix}0\\1\\\vdots\\0\end{pmatrix}, \dots, \begin{pmatrix}0\\0\\\vdots\\1\end{pmatrix}, \begin{pmatrix}a_1\\a_2\\\vdots\\a_m\end{pmatrix}\right)$ est liée car

l'équation $\begin{pmatrix}0\\0\\\vdots\\0\end{pmatrix} = c_1\begin{pmatrix}1\\0\\\vdots\\0\end{pmatrix} + c_2\begin{pmatrix}0\\1\\\vdots\\0\end{pmatrix} + \dots + c_m\begin{pmatrix}0\\0\\\vdots\\1\end{pmatrix} + c_{m+1}\begin{pmatrix}a_1\\a_2\\\vdots\\a_m\end{pmatrix}$

admet plusieurs solutions, par exemple $\begin{cases} c_1 = 0\\ c_2 = 0\\ \quad\vdots\\ c_m = 0\\ c_{m+1} = 0\end{cases}$ et $\begin{cases} c_1 = a_1\\ c_2 = a_2\\ \quad\vdots\\ c_m = a_m\\ c_{m+1} = -1\end{cases}$

PROBLÈME 4

Trouver des constantes c_1 et c_2 vérifiant l'équation :

$$\begin{pmatrix} 7 \\ 4 \end{pmatrix} = c_1 \begin{pmatrix} 1 \\ 0 \end{pmatrix} + c_2 \begin{pmatrix} 0 \\ 1 \end{pmatrix}$$

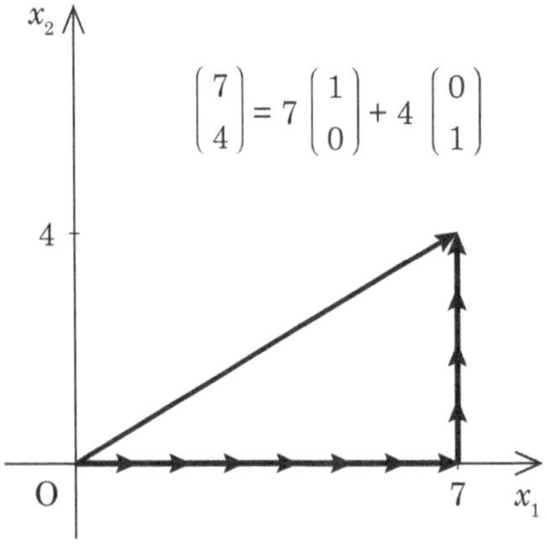

$$\begin{pmatrix} 7 \\ 4 \end{pmatrix} = 7 \begin{pmatrix} 1 \\ 0 \end{pmatrix} + 4 \begin{pmatrix} 0 \\ 1 \end{pmatrix}$$

VOICI LE DEUXIÈME.
PROBLÈME 5
Trouver des constantes c_1 et c_2 vérifiant l'équation :
$\begin{pmatrix} 7 \\ 4 \end{pmatrix} = c_1 \begin{pmatrix} 3 \\ 1 \end{pmatrix} + c_2 \begin{pmatrix} 1 \\ 2 \end{pmatrix}$
VOYONS...
x_2
$\begin{pmatrix} 7 \\ 4 \end{pmatrix} = 2 \begin{pmatrix} 3 \\ 1 \end{pmatrix} + 1 \begin{pmatrix} 1 \\ 2 \end{pmatrix}$
4
O
7
x_1
$\begin{cases} c_1 = 2 \\ c_2 = 1 \end{cases}$
C'EST BON ?
ENCORE CORRECT !
TU ES DOUÉE !
C'ÉTAIT PLUTÔT FACILE...

LE DERNIER.
PROBLÈME 6
Trouver des constantes c_1, c_2, c_3 et c_4 qui vérifient l'équation :
$\begin{pmatrix}7\\4\end{pmatrix} = c_1\begin{pmatrix}1\\0\end{pmatrix} + c_2\begin{pmatrix}0\\1\end{pmatrix} + c_3\begin{pmatrix}3\\1\end{pmatrix} + c_4\begin{pmatrix}1\\2\end{pmatrix}$
CELUI-CI A DES TAS DE SOLUTIONS, PAS VRAI ?
HM !
BIEN VU !
IL Y A $\begin{cases}c_1 = 7\\c_2 = 4\\c_3 = 0\\c_4 = 0\end{cases}$ ET $\begin{cases}c_1 = 0\\c_2 = 0\\c_3 = 2\\c_4 = 1\end{cases}$ ET BIEN SÛR $\begin{cases}c_1 = 5\\c_2 = -5\\c_3 = -1\\c_4 = 5\end{cases}$ ...
x_2
$\begin{pmatrix}7\\4\end{pmatrix} = 5\begin{pmatrix}1\\0\end{pmatrix} - 5\begin{pmatrix}0\\1\end{pmatrix} - 1\begin{pmatrix}3\\1\end{pmatrix} + 5\begin{pmatrix}1\\2\end{pmatrix}$
4
O
7
x_1
ÇA SUFFIT.

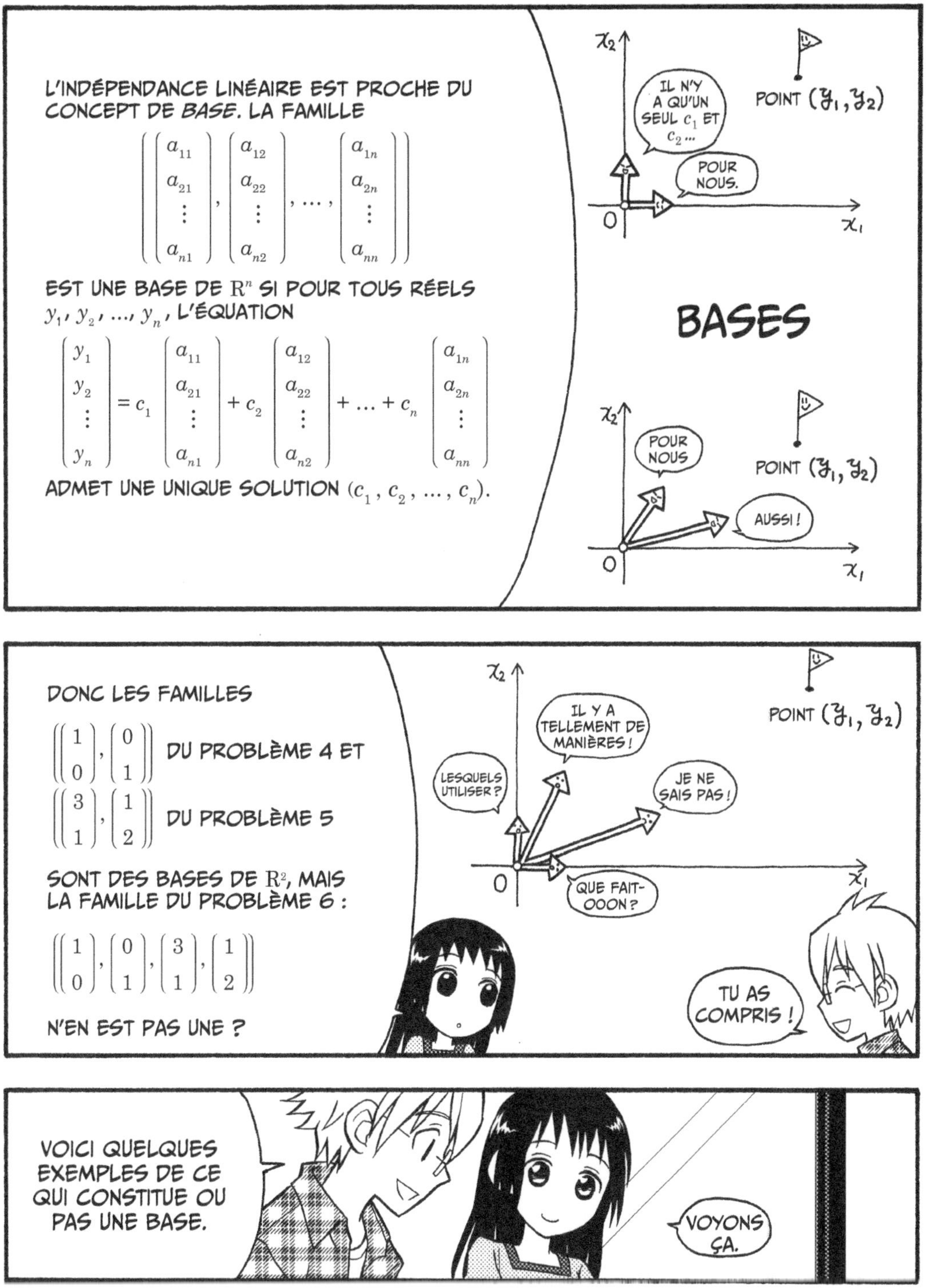
L'INDÉPENDANCE LINÉAIRE EST PROCHE DU CONCEPT DE *BASE*. LA FAMILLE
$$\left(\begin{pmatrix} a_{11} \\ a_{21} \\ \vdots \\ a_{n1} \end{pmatrix}, \begin{pmatrix} a_{12} \\ a_{22} \\ \vdots \\ a_{n2} \end{pmatrix}, \ldots, \begin{pmatrix} a_{1n} \\ a_{2n} \\ \vdots \\ a_{nn} \end{pmatrix}\right)$$
EST UNE BASE DE R^n SI POUR TOUS RÉELS $y_1, y_2, \ldots, y_n$, L'ÉQUATION
$$\begin{pmatrix} y_1 \\ y_2 \\ \vdots \\ y_n \end{pmatrix} = c_1 \begin{pmatrix} a_{11} \\ a_{21} \\ \vdots \\ a_{n1} \end{pmatrix} + c_2 \begin{pmatrix} a_{12} \\ a_{22} \\ \vdots \\ a_{n2} \end{pmatrix} + \ldots + c_n \begin{pmatrix} a_{1n} \\ a_{2n} \\ \vdots \\ a_{nn} \end{pmatrix}$$
ADMET UNE UNIQUE SOLUTION $(c_1, c_2, \ldots, c_n)$.
x_2
IL N'Y A QU'UN SEUL c_1 ET c_2...
POINT (y_1, y_2)
POUR NOUS.
0
x_1
BASES
x_2
POUR NOUS
POINT (y_1, y_2)
AUSSI !
0
x_1
DONC LES FAMILLES
$\left(\begin{pmatrix} 1 \\ 0 \end{pmatrix}, \begin{pmatrix} 0 \\ 1 \end{pmatrix}\right)$ DU PROBLÈME 4 ET
$\left(\begin{pmatrix} 3 \\ 1 \end{pmatrix}, \begin{pmatrix} 1 \\ 2 \end{pmatrix}\right)$ DU PROBLÈME 5
SONT DES BASES DE R^2, MAIS LA FAMILLE DU PROBLÈME 6 :
$\left(\begin{pmatrix} 1 \\ 0 \end{pmatrix}, \begin{pmatrix} 0 \\ 1 \end{pmatrix}, \begin{pmatrix} 3 \\ 1 \end{pmatrix}, \begin{pmatrix} 1 \\ 2 \end{pmatrix}\right)$
N'EN EST PAS UNE ?
x_2
IL Y A TELLEMENT DE MANIÈRES !
POINT (y_1, y_2)
LESQUELS UTILISER ?
JE NE SAIS PAS !
0
x_1
QUE FAIT-OOON ?
TU AS COMPRIS !
VOICI QUELQUES EXEMPLES DE CE QUI CONSTITUE OU PAS UNE BASE.
VOYONS ÇA.

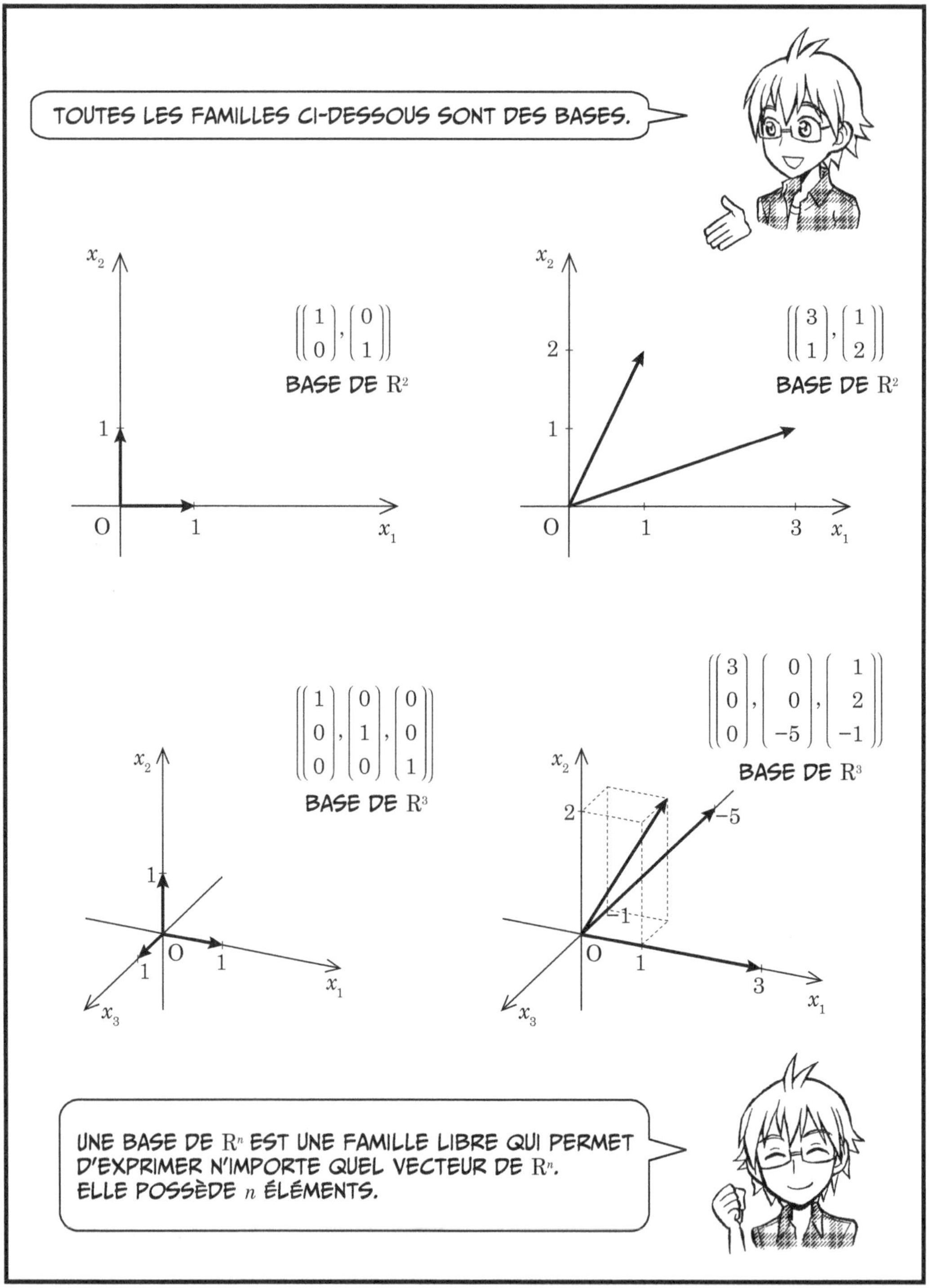
TOUTES LES FAMILLES CI-DESSOUS SONT DES BASES.
$\left(\begin{pmatrix}1\\0\end{pmatrix},\begin{pmatrix}0\\1\end{pmatrix}\right)$
BASE DE $\mathbb{R}^2$
$\left(\begin{pmatrix}3\\1\end{pmatrix},\begin{pmatrix}1\\2\end{pmatrix}\right)$
BASE DE $\mathbb{R}^2$
$\left(\begin{pmatrix}1\\0\\0\end{pmatrix},\begin{pmatrix}0\\1\\0\end{pmatrix},\begin{pmatrix}0\\0\\1\end{pmatrix}\right)$
BASE DE $\mathbb{R}^3$
$\left(\begin{pmatrix}3\\0\\0\end{pmatrix},\begin{pmatrix}0\\0\\-5\end{pmatrix},\begin{pmatrix}1\\2\\-1\end{pmatrix}\right)$
BASE DE $\mathbb{R}^3$
UNE BASE DE $\mathbb{R}^n$ EST UNE FAMILLE LIBRE QUI PERMET D'EXPRIMER N'IMPORTE QUEL VECTEUR DE $\mathbb{R}^n$.
ELLE POSSÈDE n ÉLÉMENTS.

La famille suivante de vecteurs de $\mathbb{R}^2$ n'est pas une base de $\mathbb{R}^2$ (ni d'aucun autre espace).

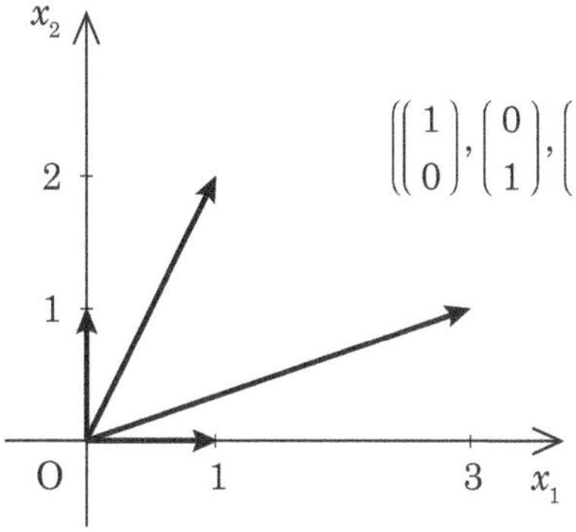

$$\left(\begin{pmatrix}1\\0\end{pmatrix},\begin{pmatrix}0\\1\end{pmatrix},\begin{pmatrix}3\\1\end{pmatrix},\begin{pmatrix}1\\2\end{pmatrix}\right)$$

En effet, étant donné des réels y_1 et y_2, l'équation :

$$\begin{pmatrix}y_1\\y_2\end{pmatrix}=c_1\begin{pmatrix}1\\0\end{pmatrix}+c_2\begin{pmatrix}0\\1\end{pmatrix}+c_3\begin{pmatrix}3\\1\end{pmatrix}+c_4\begin{pmatrix}1\\2\end{pmatrix}$$

admet plusieurs solutions (c_1, c_2, c_3, c_4).

Cette famille possède trop d'éléments pour être libre, ce n'est donc pas une base.

AUCUNE DES DEUX FAMILLES DE VECTEURS DE $\mathbb{R}^3$ CI-DESSOUS NE PERMET D'OBTENIR LE VECTEUR $\begin{pmatrix}0\\0\\1\end{pmatrix}$ PAR COMBINAISON DE SES ÉLÉMENTS.

CE NE SONT DONC PAS DES BASES DE $\mathbb{R}^3$.

$$\left(\begin{pmatrix}1\\0\\0\end{pmatrix},\begin{pmatrix}0\\1\\0\end{pmatrix}\right)$$

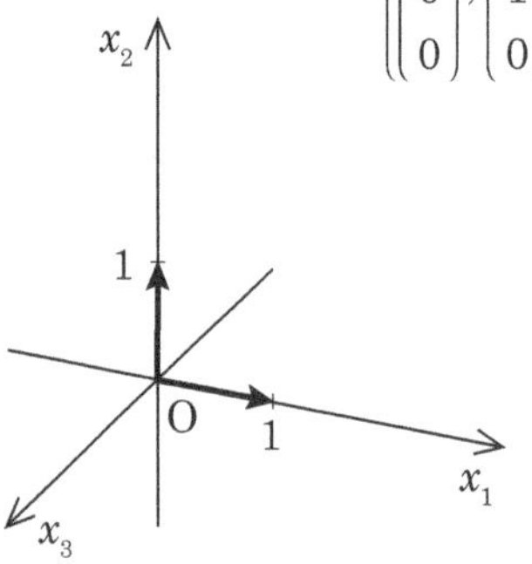

$$\left(\begin{pmatrix}1\\0\\0\end{pmatrix},\begin{pmatrix}0\\1\\0\end{pmatrix},\begin{pmatrix}1\\2\\0\end{pmatrix}\right)$$

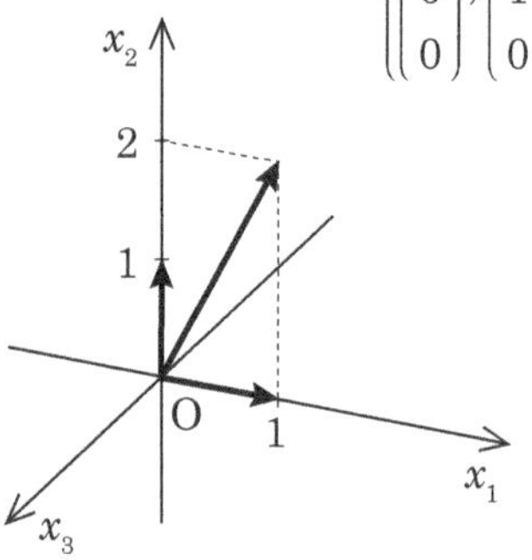

IL NE SUFFIT PAS QU'UNE FAMILLE SOIT LIBRE POUR QU'ELLE SOIT UNE BASE.

LES FAMILLES $\left(\begin{pmatrix}1\\0\\0\end{pmatrix},\begin{pmatrix}0\\1\\0\end{pmatrix}\right)$ ET $\left(\begin{pmatrix}1\\0\\0\end{pmatrix},\begin{pmatrix}0\\1\\0\end{pmatrix},\begin{pmatrix}0\\0\\1\end{pmatrix}\right)$ SONT TOUTES LES DEUX LIBRES, MAIS SEULE LA DEUXIÈME EST UNE BASE DE $\mathbb{R}^3$.

FAMILLE LIBRE

Une famille $\left(\begin{pmatrix} a_{11} \\ a_{21} \\ \vdots \\ a_{m1} \end{pmatrix}, \begin{pmatrix} a_{12} \\ a_{22} \\ \vdots \\ a_{m2} \end{pmatrix}, \dots, \begin{pmatrix} a_{1n} \\ a_{2n} \\ \vdots \\ a_{mn} \end{pmatrix}\right)$ de n vecteurs de R^m est libre si l'équation

$$\begin{pmatrix} 0 \\ 0 \\ \vdots \\ 0 \end{pmatrix} = c_1 \begin{pmatrix} a_{11} \\ a_{21} \\ \vdots \\ a_{m1} \end{pmatrix} + c_2 \begin{pmatrix} a_{12} \\ a_{22} \\ \vdots \\ a_{m2} \end{pmatrix} + \dots + c_n \begin{pmatrix} a_{1n} \\ a_{2n} \\ \vdots \\ a_{mn} \end{pmatrix}$$

admet pour unique solution $\begin{cases} c_1 = 0 \\ c_2 = 0 \\ \vdots \\ c_n = 0 \end{cases}$

BASE

Une famille $\left(\begin{pmatrix} a_{11} \\ a_{21} \\ \vdots \\ a_{m1} \end{pmatrix}, \begin{pmatrix} a_{12} \\ a_{22} \\ \vdots \\ a_{m2} \end{pmatrix}, \dots, \begin{pmatrix} a_{1n} \\ a_{2n} \\ \vdots \\ a_{mn} \end{pmatrix}\right)$ de n vecteurs de R^m est une base de R^m

si pour tous réels $y_1, y_2, \dots, y_m$ l'équation

$$\begin{pmatrix} y_1 \\ y_2 \\ \vdots \\ y_m \end{pmatrix} = c_1 \begin{pmatrix} a_{11} \\ a_{21} \\ \vdots \\ a_{m1} \end{pmatrix} + c_2 \begin{pmatrix} a_{12} \\ a_{22} \\ \vdots \\ a_{m2} \end{pmatrix} + \dots + c_n \begin{pmatrix} a_{1n} \\ a_{2n} \\ \vdots \\ a_{mn} \end{pmatrix}$$

admet une unique solution $(c_1, c_2, \dots, c_n)$. On a alors forcément $m = n$.

Une base de R^m est un ensemble *minimal* de vecteurs permettant d'obtenir n'importe quel vecteur de R^m par combinaison des éléments de la base : si on ajoute un vecteur à la base, ou si on en enlève un, ce n'est plus une base.

DONC...
UNE FAMILLE EST LIBRE S'IL N'EXISTE PAS DE CHEMIN REVENANT À L'ORIGINE,
ET C'EST UNE BASE S'IL EXISTE UN UNIQUE CHEMIN VERS TOUT VECTEUR DE $\mathbb{R}^m$?
NOUS SOMMES
LINÉAIREMENT INDÉPENDANTS !
O
UNE BASE !
EN EFFET.
OUAIS.
O
TOUT JUSTE !
PEU DE GENS COMPRENNENT LA DIFFÉRENCE AUSSI RAPIDEMENT, JE SUIS IMPRESSIONNÉ.
C'EST PAS SI DUR !
BON, C'EST TOUT POUR AUJ...
ATTENDS !

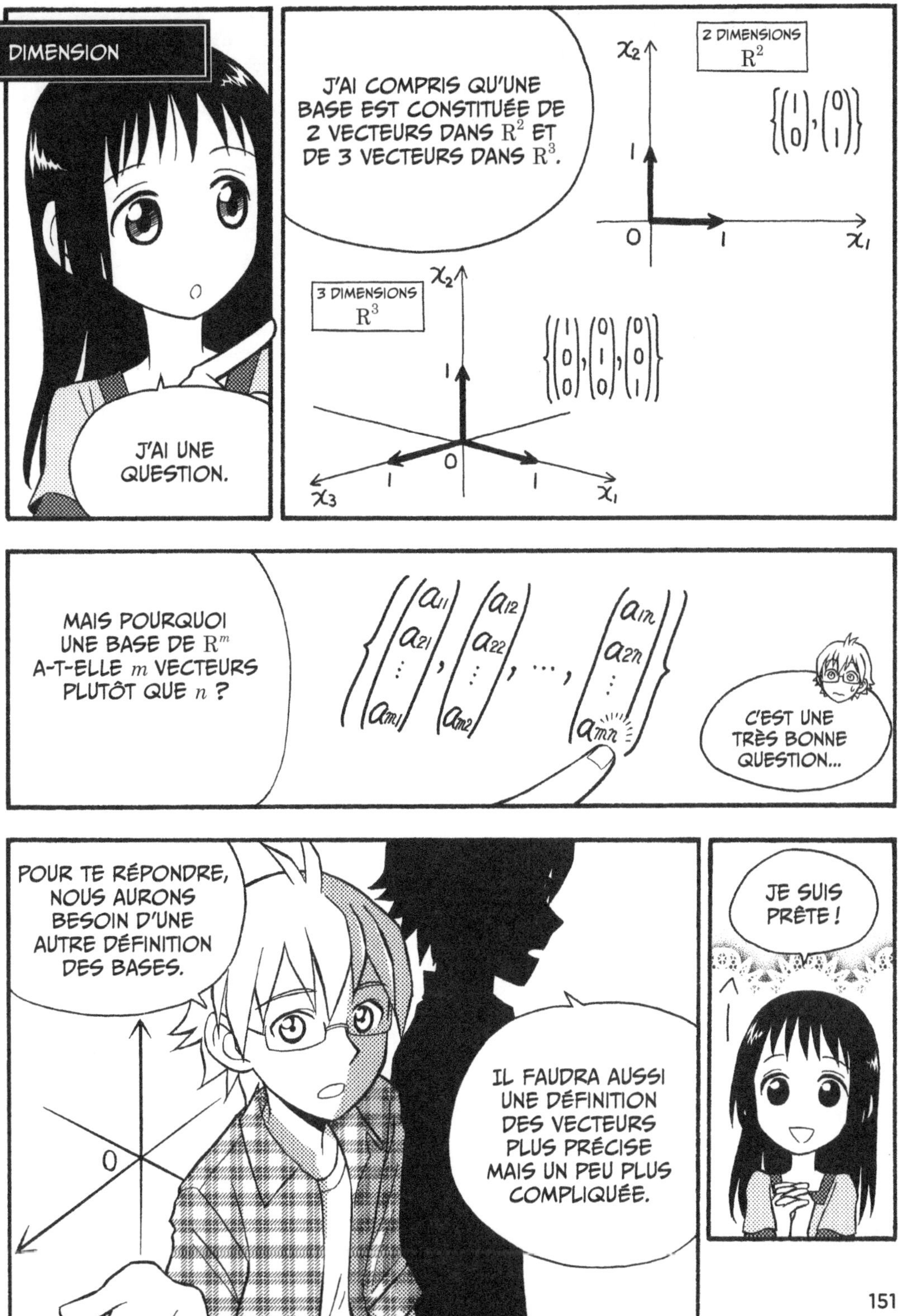
DIMENSION
J'AI UNE QUESTION.
J'AI COMPRIS QU'UNE BASE EST CONSTITUÉE DE 2 VECTEURS DANS R^2 ET DE 3 VECTEURS DANS R^3.
2 DIMENSIONS R^2
$\left\{\begin{pmatrix}1\\0\end{pmatrix},\begin{pmatrix}0\\1\end{pmatrix}\right\}$
x_2 1 0 1 x_1
3 DIMENSIONS R^3
$\left\{\begin{pmatrix}1\\0\\0\end{pmatrix},\begin{pmatrix}0\\1\\0\end{pmatrix},\begin{pmatrix}0\\0\\1\end{pmatrix}\right\}$
x_2 1 0 1 1 x_3 x_1
MAIS POURQUOI UNE BASE DE R^m A-T-ELLE m VECTEURS PLUTÔT QUE n ?
$\left\{\begin{pmatrix}a_{11}\\a_{21}\\\vdots\\a_{m1}\end{pmatrix},\begin{pmatrix}a_{12}\\a_{22}\\\vdots\\a_{m2}\end{pmatrix},\dots,\begin{pmatrix}a_{1n}\\a_{2n}\\\vdots\\a_{mn}\end{pmatrix}\right\}$
C'EST UNE TRÈS BONNE QUESTION...
POUR TE RÉPONDRE, NOUS AURONS BESOIN D'UNE AUTRE DÉFINITION DES BASES.
IL FAUDRA AUSSI UNE DÉFINITION DES VECTEURS PLUS PRÉCISE MAIS UN PEU PLUS COMPLIQUÉE.
0
JE SUIS PRÊTE !

TU ES SÛRE ?
JE... JE CROIS.
EN RÉALITÉ, CE N'EST PAS SI DIFFICILE QUE ÇA – C'EST JUSTE UN PEU ABSTRAIT.
ALLONS-Y !
O-OK...
MAIS D'ABORD IL NOUS FAUT UN NOUVEL OUTIL : LES SOUS-ESPACES VECTORIELS.
SOUS-ESPACES VECTORIELS
COMMENÇONS PAR LÀ.
SOUS-ESPACES VECTORIELS
UN SOUS-ESPACE W DE $\mathbb{R}^m$ RESSEMBLE À ÇA.
R^m
W
C'EST LA MÊME CHOSE QU'UN SOUS-ENSEMBLE ?
?
HEU, NON, PAS TOUT À FAIT, JE RECOMMENCE.

SOUS-ESPACE VECTORIEL

W, un sous-ensemble non-vide de R^m, est un sous-espace vectoriel de R^m s'il vérifie les deux conditions suivantes :

❶ W est stable par multiplication par un scalaire : le produit d'un élément de W et d'un réel est aussi un élément de W.

$$\text{si } c \in R \text{ et si } \begin{pmatrix} a_{1i} \\ a_{2i} \\ \vdots \\ a_{mi} \end{pmatrix} \in W, \text{ alors } c\begin{pmatrix} a_{1i} \\ a_{2i} \\ \vdots \\ a_{mi} \end{pmatrix} \in W$$

❷ W est stable par addition : la somme de deux éléments de W est aussi un élément de W.

$$\text{Si } \begin{pmatrix} a_{1i} \\ a_{2i} \\ \vdots \\ a_{mi} \end{pmatrix} \in W \text{ et si } \begin{pmatrix} a_{1j} \\ a_{2j} \\ \vdots \\ a_{mj} \end{pmatrix} \in W, \quad \text{alors } \begin{pmatrix} a_{1i} \\ a_{2i} \\ \vdots \\ a_{mi} \end{pmatrix} + \begin{pmatrix} a_{1j} \\ a_{2j} \\ \vdots \\ a_{mj} \end{pmatrix} \in W$$

Note qu'un sous-espace vectoriel est toujours un espace vectoriel.

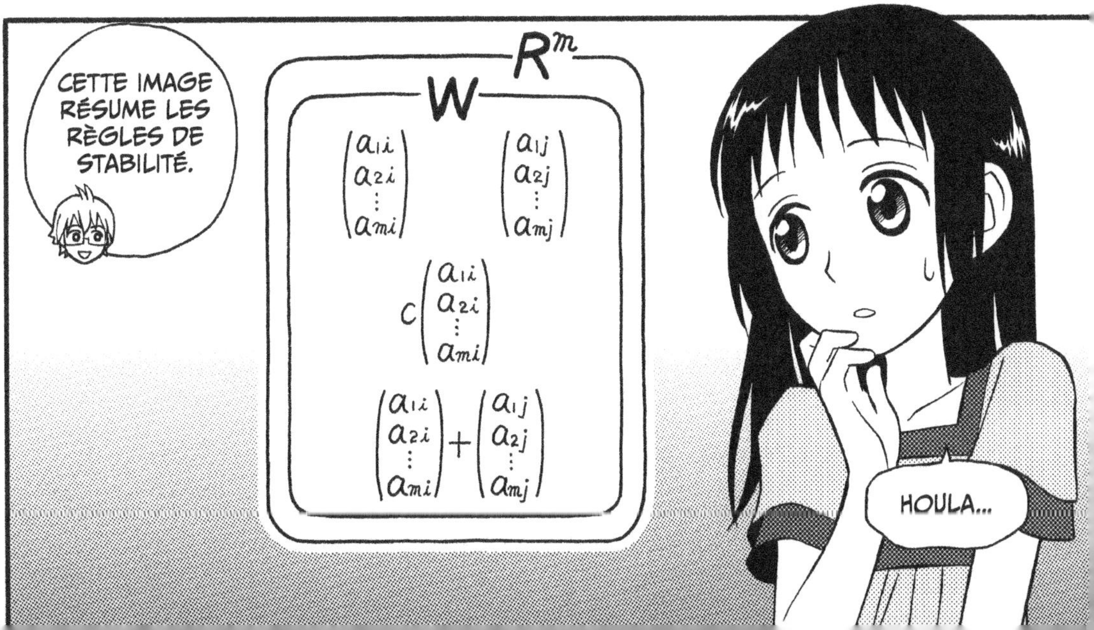

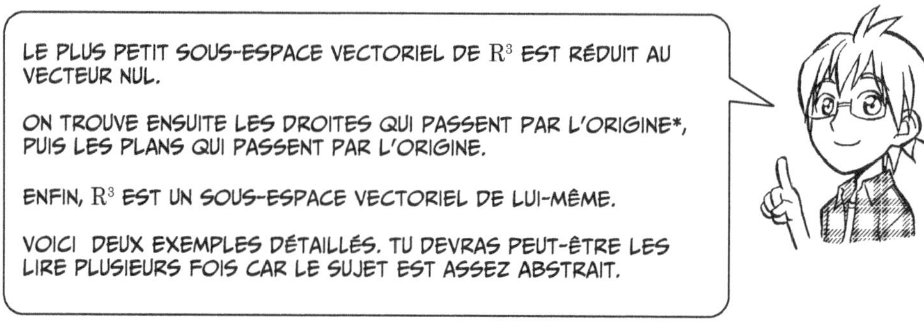

Un sous-ensemble qui est un sous-espace vectoriel

Considérons le sous-ensemble de R^3 défini par

$$\left\{ \begin{pmatrix} a \\ 0 \\ 0 \end{pmatrix} \middle| \, a \text{ réel} \right\}$$, en d'autres termes, l'axe des x.

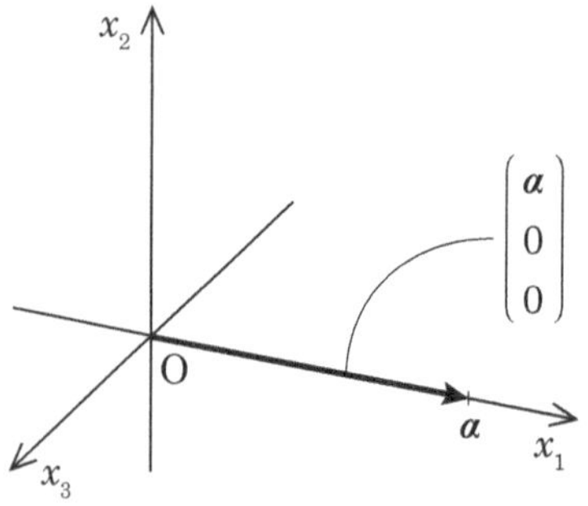

C'est un sous-espace vectoriel de R^3 car il vérifie les deux conditions de la définition :

❶ $$c \begin{pmatrix} a_1 \\ 0 \\ 0 \end{pmatrix} = \begin{pmatrix} ca_1 \\ 0 \\ 0 \end{pmatrix} \in \left\{ \begin{pmatrix} a \\ 0 \\ 0 \end{pmatrix} \middle| \, a \text{ réel} \right\}$$

❷ $$\begin{pmatrix} a_1 \\ 0 \\ 0 \end{pmatrix} + \begin{pmatrix} a_2 \\ 0 \\ 0 \end{pmatrix} = \begin{pmatrix} a_1+a_2 \\ 0 \\ 0 \end{pmatrix} \in \left\{ \begin{pmatrix} a \\ 0 \\ 0 \end{pmatrix} \middle| \, a \text{ réel} \right\}$$

* Pour être rigoureux, ce sont les droites vectorielles, c'est-à-dire les multiples d'un même vecteur (non nul), qui sont des sous-espaces vectoriels de R^3. Une droite est définie par la donnée d'un point et d'un vecteur (non nul) tandis qu'une droite vectorielle n'a besoin que d'un vecteur (non nul). De même, deux vecteurs linéairement indépendants suffisent à définir un plan vectoriel alors qu'il faudrait ajouter la donnée d'un point pour définir un plan.

Un sous-ensemble qui n'est pas un sous-espace vectoriel

Pour que l'ensemble $\left\{ \begin{pmatrix} a \\ a^2 \\ 0 \end{pmatrix} \middle| \; a \text{ réel} \right\}$ soit un sous-espace vectoriel de R^3, il faut qu'il satisfasse les deux conditions de la définition.

❶ $c\begin{pmatrix} a_1 \\ a_1^{\,2} \\ 0 \end{pmatrix} = \begin{pmatrix} ca_1 \\ ca_1^{\,2} \\ 0 \end{pmatrix} \neq \begin{pmatrix} ca_1 \\ (ca_1)^2 \\ 0 \end{pmatrix} \in \left\{ \begin{pmatrix} a \\ a^2 \\ 0 \end{pmatrix} \middle| \; a \text{ réel} \right\}$

❷ $\begin{pmatrix} a_1 \\ a_1^{\,2} \\ 0 \end{pmatrix} + \begin{pmatrix} a_2 \\ a_2^{\,2} \\ 0 \end{pmatrix} = \begin{pmatrix} a_1+a_2 \\ a_1^{\,2}+a_2^{\,2} \\ 0 \end{pmatrix} \neq \begin{pmatrix} a_1+a_2 \\ (a_1+a_2)^2 \\ 0 \end{pmatrix} \in \left\{ \begin{pmatrix} a \\ a^2 \\ 0 \end{pmatrix} \middle| \; a \text{ réel} \right\}$

L'ensemble ne satisfait aucune des deux conditions de la définition, ce n'est donc pas un sous-espace vectoriel de R^3.

TU TE DIS PEUT-ÊTRE QUE L'ENSEMBLE EST QUAND MÊME UN SOUS-ESPACE VECTORIEL SI ON POSE $a_1 = a_2 = 0$?

C'EST VRAI QUE LES CONDITIONS SONT SATISFAITES POUR CES VALEURS PARTICULIÈRES, MAIS EN FAIT IL FAUT QU'ELLES SOIENT SATISFAITES POUR *TOUS* LES RÉELS, PAS SEULEMENT POUR DES EXEMPLES BIEN CHOISIS.

SI CELA NE TE SEMBLE PAS ENCORE LIMPIDE, NE T'EN FAIS PAS, ET N'ABANDONNE PAS, C'EST VRAI QUE C'EST DIFFICILE !

SOUS-ESPACE ENGENDRÉ

L'espace vectoriel engendré par les n vecteurs de R^m $\begin{pmatrix} a_{11} \\ a_{21} \\ \vdots \\ a_{m1} \end{pmatrix}, \begin{pmatrix} a_{12} \\ a_{22} \\ \vdots \\ a_{m2} \end{pmatrix}, \ldots, \begin{pmatrix} a_{1n} \\ a_{2n} \\ \vdots \\ a_{mn} \end{pmatrix}$

est $W = \left\{ c_1 \begin{pmatrix} a_{11} \\ a_{21} \\ \vdots \\ a_{m1} \end{pmatrix} + c_2 \begin{pmatrix} a_{12} \\ a_{22} \\ \vdots \\ a_{m2} \end{pmatrix} + \ldots + c_n \begin{pmatrix} a_{1n} \\ a_{2n} \\ \vdots \\ a_{mn} \end{pmatrix} \middle| \; c_1, c_2, \ldots, c_n \text{ réels} \right\}$

C'est un sous-espace vectoriel de R^m.
On dit que ces n vecteurs forment une *partie génératrice* de W.

EXEMPLE 1

L'espace vectoriel R^2 est engendré par les vecteurs $\begin{pmatrix} 1 \\ 0 \end{pmatrix}$ et $\begin{pmatrix} 0 \\ 1 \end{pmatrix}$:

$$R^2 = \left\{ c_1 \begin{pmatrix} 1 \\ 0 \end{pmatrix} + c_2 \begin{pmatrix} 0 \\ 1 \end{pmatrix} \middle| \; c_1 \text{ et } c_2 \text{ réels} \right\}$$

R^2 est aussi engendré par les vecteurs $\begin{pmatrix} 3 \\ 1 \end{pmatrix}$ et $\begin{pmatrix} 1 \\ 2 \end{pmatrix}$:

$$R^2 = \left\{ c_1 \begin{pmatrix} 3 \\ 1 \end{pmatrix} + c_2 \begin{pmatrix} 1 \\ 2 \end{pmatrix} \middle| \; c_1 \text{ et } c_2 \text{ réels} \right\}$$

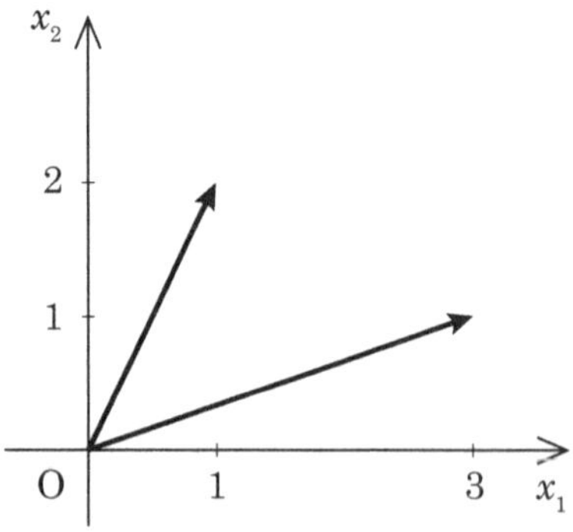

EXEMPLE 2

R^2 peut aussi être vu comme un sous-espace vectoriel de R^3, engendré par exemple par les vecteurs $\begin{pmatrix}1\\0\\0\end{pmatrix}$ et $\begin{pmatrix}0\\1\\0\end{pmatrix}$, c'est-à-dire

$$\left\{ c_1 \begin{pmatrix}1\\0\\0\end{pmatrix} + c_2 \begin{pmatrix}0\\1\\0\end{pmatrix} \;\middle|\; c_1 \text{ et } c_2 \text{ réels} \right\}$$

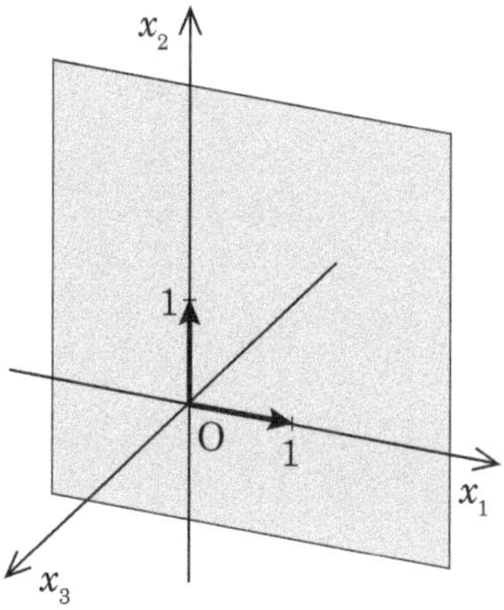

BASE ET DIMENSION

La famille $\left(\begin{pmatrix} a_{11} \\ a_{21} \\ \vdots \\ a_{m1} \end{pmatrix}, \begin{pmatrix} a_{12} \\ a_{22} \\ \vdots \\ a_{m2} \end{pmatrix}, \ldots, \begin{pmatrix} a_{1n} \\ a_{2n} \\ \vdots \\ a_{mn} \end{pmatrix}\right)$ de vecteurs d'un espace W est une *base* de W

si elle est :

- libre et
- génératrice de W, c'est-à-dire si

$$W = \left\{ c_1 \begin{pmatrix} a_{11} \\ a_{21} \\ \vdots \\ a_{m1} \end{pmatrix} + c_2 \begin{pmatrix} a_{12} \\ a_{22} \\ \vdots \\ a_{m2} \end{pmatrix} + \ldots + c_n \begin{pmatrix} a_{1n} \\ a_{2n} \\ \vdots \\ a_{mn} \end{pmatrix} \middle| \; c_1, c_2, \ldots, c_n \text{ réels} \right\}$$

La *dimension* de W est égale au nombre de vecteurs dans une base de W.
Ce nombre est le même pour toutes les bases de W.

EXEMPLE

Supposons que W soit le sous-espace vectoriel de R^3 engendré par les vecteurs linéairement indépendants $\begin{pmatrix} 3 \\ 1 \\ 0 \end{pmatrix}$ et $\begin{pmatrix} 1 \\ 2 \\ 0 \end{pmatrix}$.

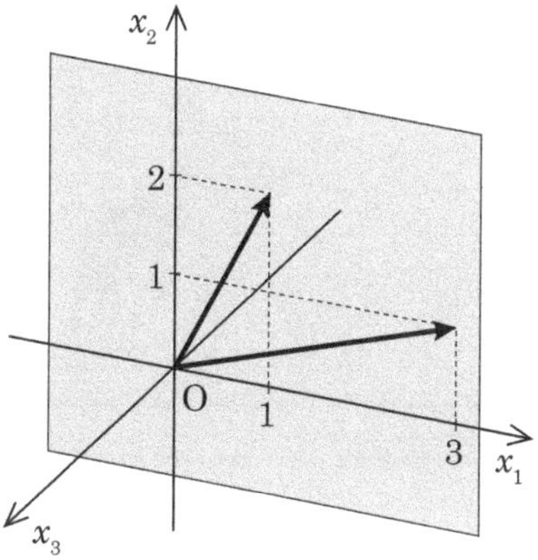

Puisque $W = \left\{ c_1 \begin{pmatrix} 3 \\ 1 \\ 0 \end{pmatrix} + c_2 \begin{pmatrix} 1 \\ 2 \\ 0 \end{pmatrix} \middle| \; c_1 \text{ et } c_2 \text{ réels} \right\}$

la famille $\left(\begin{pmatrix} 3 \\ 1 \\ 0 \end{pmatrix}, \begin{pmatrix} 1 \\ 2 \\ 0 \end{pmatrix} \right)$ est une base de W.

Comme cette base contient deux vecteurs, dim W = 2.

QU'EN PENSES-TU ? TU AS RÉUSSI À SUIVRE ?
BIEN SÛR !
3 DIMENSIONS
SI LA BASE DU SOUS-ESPACE COMPORTE 2 VECTEURS, IL EST DE DIMENSION 2.
CA RESSEMBLE À ÇA, NON ?
TU AS COMPRIS !
CA SUFFIT POUR AUJOURD'HUI.
ON S'EST BIEN AMUSÉS !
MERCI POUR TON AIDE.
LA PROCHAINE FOIS, NOUS PARLERONS DES APPLICATIONS LINÉAIRES.
CE CHAPITRE AUSSI EST IMPORTANT, TIENS-TOI PRÊTE !
PRÊTE !
AH, APPAREMMENT ON VA DANS LA MÊME DIRECTION...

…
EUH, JE N'AI PAS VRAIMENT RÉPONDU À TA QUESTION TOUT À L'HEURE…
?
J'AI REJOINT LE CLUB DE KARATÉ PARCE QUE…
J'EN AI MARRE D'ÊTRE UNE MAUVIETTE.
JE VEUX DEVENIR PLUS FORT.
AINSI, JE POURRAI…
EH BIEN…

JE DEVINE QUE TU AURAS BESOIN...
DE BEAUCOUP DE REPAS FAITS MAISON, ALORS !
QU– ?
POUR SURVIVRE AU RÉGIME DE TERREUR DE MON FRÈRE, J'ENTENDS. NE T'INQUIÈTE PAS, JE VAIS TE PRÉPARER MON MENU SUPER SPÉCIAL ENDURANCE CHAQUE SEMAINE À PARTIR D'AUJOURD'HUI !
MERCI MISA.
DE RIEN, ÇA ME FAIT PLAISIR !

MAIN À LA PÂTE

PRODUITS DE VECTEURS

Au lycée, on travaille souvent dans « le plan » vu comme un ensemble de points, muni d'un repère composé d'une origine O et de deux vecteurs $\vec{\imath}\begin{pmatrix}1\\0\end{pmatrix}$ et $\vec{\jmath}\begin{pmatrix}0\\1\end{pmatrix}$. La famille $(\vec{\imath}, \vec{\jmath})$ est orthogonale car $\vec{\imath} \cdot \vec{\jmath} = 0$, et normée car $\|\vec{\imath}\| = \|\vec{\jmath}\| = 1$; on dit qu'elle est orthonormée. Tout point du plan est alors déterminé par son abscisse et son ordonnée :

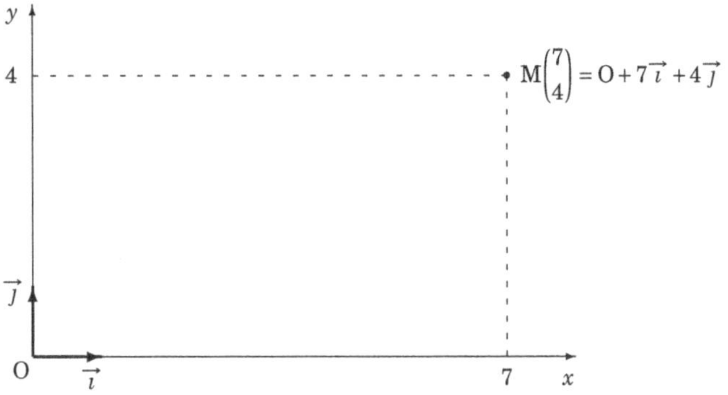

Cependant, on peut aussi munir le plan d'un repère « tordu », avec des vecteurs non orthogonaux et de normes différentes, tant que ces vecteurs sont linéairement indépendants. Considérons par exemple le repère $(O; \vec{u}, \vec{v})$ où $\vec{u}$ et $\vec{v}$ ont pour coordonnées $\begin{pmatrix}3\\1\end{pmatrix}$ et $\begin{pmatrix}1\\2\end{pmatrix}$ dans le repère $(O; \vec{\imath}, \vec{\jmath})$:

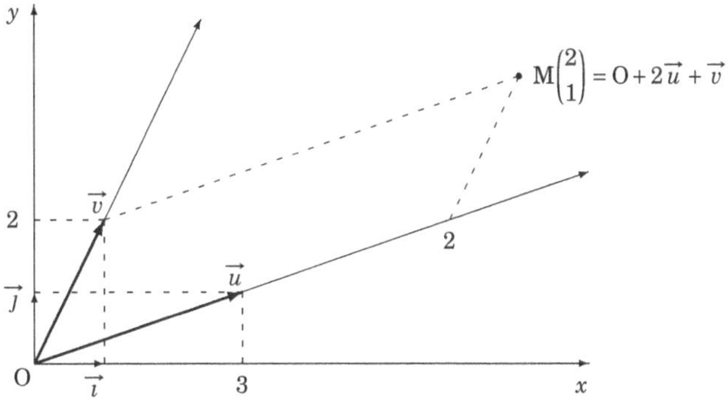

Le point M a pour coordonnées $\begin{pmatrix}7\\4\end{pmatrix}$ dans $(O; \vec{\imath}, \vec{\jmath})$ et $\begin{pmatrix}2\\1\end{pmatrix}$ dans $(O; \vec{u}, \vec{v})$, ce qui revient bien au même puisque $2\vec{u} + \vec{v} = 2(3\vec{\imath} + \vec{\jmath}) + (\vec{\imath} + 2\vec{\jmath}) = 7\vec{\imath} + 4\vec{\jmath}$.

En algèbre linéaire, on ne travaille plus dans un ensemble de points mais dans un ensemble de vecteurs. Au lieu de considérer les points O et M, on ne considère donc que le vecteur $\overrightarrow{OM}$.

Ce changement de point de vue, d'apparence banale, est crucial parce qu'il permet de s'éloigner de la géométrie. En effet, en algèbre linéaire un vecteur n'est plus « une flèche reliant deux points » mais, par définition, un élément d'un espace vectoriel. Or, des ensembles inattendus vérifient la définition d'un espace vectoriel, par exemple l'ensemble $\mathbb{R}[X]$ des polynômes à coefficients dans $\mathbb{R}$: du point de vue algébrique, un polynôme peut être vu comme un vecteur. L'ensemble des fonctions de $\mathbb{R}$ dans $\mathbb{R}$ est aussi un espace vectoriel, si bien que toute fonction de $\mathbb{R}$ dans $\mathbb{R}$ peut être envisagée comme un vecteur.

Ces espaces vectoriels ne se prêtent pas bien aux représentations graphiques[1]. On n'abandonne pas pour autant les coordonnées. Par exemple, l'espace vectoriel $\mathbb{R}_3[X]$ des polynômes de degré au plus 3 admet pour base la famille de polynômes $(1, X, X^2, X^3)$. Le polynôme $7X + 4X^2$ a pour coordonnées $(0,7,4,0)$ dans cette base.

LE PRODUIT SCALAIRE DANS $\mathbb{R}^n$

Le **produit scalaire** $X \cdot Y$ des vecteurs $X = \begin{pmatrix} x_1 \\ x_2 \\ \vdots \\ x_n \end{pmatrix}$ et $Y = \begin{pmatrix} y_1 \\ y_2 \\ \vdots \\ y_n \end{pmatrix}$ de $\mathbb{R}^n$ est le nombre

$$X \cdot Y = x_1 y_1 + x_2 y_2 + \cdots + x_n y_n$$

Exemple : $\begin{pmatrix} 1 \\ 2 \\ 3 \\ 4 \end{pmatrix} \cdot \begin{pmatrix} 5 \\ 6 \\ 7 \\ 8 \end{pmatrix} = (1 \times 5) + (2 \times 6) + (3 \times 7) + (4 \times 8) = 70.$

La **norme** de X est reliée au produit scalaire par la relation $\|X\|^2 = X \cdot X$, d'où

$$\|X\| = \sqrt{{x_1}^2 + {x_2}^2 + \cdots + {x_n}^2}$$

Exemple : $\left\| \begin{pmatrix} 3 \\ 4 \end{pmatrix} \right\| = \sqrt{3^2 + 4^2} = \sqrt{9 + 16} = 5.$

L'**angle** θ entre X et Y est défini par la relation

$$X \cdot Y = \|X\| \times \|Y\| \times \cos\theta$$

Exemple : pour $X = \begin{pmatrix} 1 \\ 0 \\ 1 \end{pmatrix}$ et $Y = \begin{pmatrix} 0 \\ 1 \\ 1 \end{pmatrix}$, $\cos\theta = \dfrac{X \cdot Y}{\|X\| \times \|Y\|} = \dfrac{1}{\sqrt{2} \times \sqrt{2}} = \dfrac{1}{2}$ donc $\theta = \dfrac{\pi}{3} \mod 2\pi$.

[1]Cependant, par analogie avec la géométrie on appelle « droite vectorielle » tout sous-espace vectoriel de dimension 1 et « plan vectoriel » tout sous-espace vectoriel de dimension 2.

POUR ALLER PLUS LOIN

QU'EST-CE QU'UN ESPACE VECTORIEL ?

La définition d'un espace vectoriel est très formelle, ce qui la rend difficile à appréhender et à retenir ; néanmoins, chaque ligne vous est familière car on retrouve l'addition des vecteurs du plan (loi « + ») et leur multiplication par un réel (loi « · »).

Un *espace vectoriel* est la donnée d'un ensemble, généralement noté E, et de deux lois, généralement notées « + » et « · », vérifiant les propriétés suivantes :

- « + » est une loi interne, c'est-à-dire qu'à deux éléments de E elle associe un élément de E (la somme de deux vecteurs est un vecteur) ;
- (E, +) est un groupe abélien, c'est-à-dire :
  - « + » est associative : $\forall x, y, z \in \mathrm{E} \quad (x+y)+z = x+(y+z)$
  - « + » admet un élément neutre (noté 0) : $\exists 0 \in \mathrm{E},\ \forall x \in \mathrm{E} \quad x+0 = 0+x = x$
  - tout x admet un opposé : $\forall x \in \mathrm{E},\ \exists \overline{x} \in \mathrm{E} \quad x+\overline{x} = \overline{x}+x = 0$
  - « + » est commutative : $\forall x, y \in \mathrm{E} \quad x+y = y+x$
- « · » est une loi externe dite de multiplication par un scalaire, c'est-à-dire que le produit d'un nombre (appartenant à un corps noté $\mathbb{K}$, qui est presque toujours $\mathbb{R}$ ou $\mathbb{C}$) et d'un vecteur est un vecteur (trois fois un vecteur, c'est encore un vecteur) ;
- Les relations suivantes (dites de compatibilité) doivent être vérifiées :

$$\forall x, y \in \mathrm{E},\ \forall a, b \in \mathbb{K} \quad \begin{cases} a\cdot(x+y) = (a\cdot x)+(a\cdot y) \\ (a+b)\cdot x = (a\cdot x)+(b\cdot x) \\ (ab)\cdot x = a\cdot(b\cdot x) \\ 1_{\mathbb{K}}\cdot x = x \end{cases}$$

Quand on dit « l'ensemble $\mathbb{R}[X]$ des polynômes est un espace vectoriel », on fait un raccourci car c'est bien $(\mathbb{R}[X], +, \cdot)$ qui est un espace vectoriel. Néanmoins, les opérations + et · sont ici sans malice, respectivement l'addition entre polynômes et la multiplication d'un polynôme par un réel. On peut donc s'autoriser à alléger les notations. Mais gardez à l'esprit que l'ensemble E n'est pas la même chose que l'espace vectoriel (E, +, ·).

Les exemples les plus classiques d'espaces vectoriels sont :

- $\mathbb{R}^n$ et $\mathbb{C}^n$;
- l'espace $\mathrm{M}_{n,p}(\mathbb{R})$ des matrices $n \times p$ à coefficients dans $\mathbb{R}$ (idem avec $\mathbb{C}$) ;
- l'espace $\mathbb{R}[X]$ des polynômes à coefficients réels (idem avec $\mathbb{C}$) ;
- l'espace $\mathbb{R}_n[X]$ des polynômes à coefficients réels et de degré au plus n (idem avec $\mathbb{C}$) ;
- l'espace $\mathscr{C}^0(\mathbb{R}, \mathbb{R})$ des fonctions continues de $\mathbb{R}$ dans $\mathbb{R}$.

QU'EST-CE QU'UN PRODUIT SCALAIRE ?

Le produit scalaire définit l'orthogonalité, mais aussi la norme, qui est l'outil de choix pour formaliser l'idée intuitive de longueur d'un vecteur.

On ne peut pas toujours définir un produit scalaire via une formule analogue à celle vue pour $\mathbb{R}^n$; par exemple, il n'existe pas de base finie de $\mathscr{C}^0(\mathbb{R},\mathbb{R})$. C'est pourquoi on a besoin d'une définition abstraite et générale.

Notons E un espace vectoriel réel. L'application $\varphi\colon \mathrm{E}\times\mathrm{E}\to\mathbb{R}$ est un produit scalaire si elle est :

- **bilinéaire**, et (par symétrie) il suffit de vérifier qu'elle est linéaire à droite : $\forall x,y,z\in\mathrm{E},\ \forall a\in\mathbb{R}\quad \varphi(x,ay+z)=a\varphi(x,y)+\varphi(x,z)$
- **symétrique** : $\forall x,y\in\mathrm{E}\quad \varphi(y,x)=\varphi(x,y)$
- **définie** : $\forall x\in\mathrm{E}\quad \varphi(x,x)=0 \implies x=0$
- **positive** : $\forall x\in\mathrm{E}\quad \varphi(x,x)\geqslant 0$.

Vous pouvez vérifier que ce que l'on a appelé un produit scalaire sur $\mathbb{R}^n$ deux pages plus haut remplit bien ces quatre conditions.

La structure composée de E (réel) et d'un produit scalaire sur E s'appelle :

- un espace *euclidien* si E est de dimension finie (comme $\mathbb{R}_n[\mathrm{X}]$) ;
- un espace *préhilbertien réel* si E est de dimension infinie (comme $\mathbb{R}[\mathrm{X}]$).

Attention, pour un même espace vectoriel on peut en général trouver plusieurs applications φ vérifiant les propriétés précédentes. Le produit scalaire n'est pas unique. Deux vecteurs de E qui sont orthogonaux pour un produit scalaire φ_1 peuvent ne pas l'être pour un produit scalaire φ_2.

Le produit scalaire de deux vecteurs se note $\mathrm{X}\cdot\mathrm{Y}$, $(\mathrm{X}|\mathrm{Y})$, $\langle \mathrm{X},\mathrm{Y}\rangle$ ou encore $\langle \mathrm{X}|\mathrm{Y}\rangle$.

Les produits scalaires usuels sont les suivants :

- Dans l'espace vectoriel $\mathbb{R}^n$, $\begin{pmatrix}x_1\\ \vdots\\ x_n\end{pmatrix}\cdot\begin{pmatrix}y_1\\ \vdots\\ y_n\end{pmatrix}=x_1y_1+\cdots+x_ny_n$

- Dans $\mathrm{M}_n(\mathbb{R})$, $\begin{pmatrix}a_{11}&\cdots&a_{1n}\\ \vdots&\ddots&\vdots\\ a_{n1}&\cdots&a_{nn}\end{pmatrix}\cdot\begin{pmatrix}b_{11}&\cdots&b_{1n}\\ \vdots&\ddots&\vdots\\ b_{n1}&\cdots&b_{nn}\end{pmatrix}=a_{11}b_{11}+\cdots+a_{ij}b_{ij}+\cdots+a_{nn}b_{nn}=\mathrm{Tr}({}^t\mathrm{AB})$
- Dans l'e. v. $\mathscr{C}^0([a;b],\mathbb{R})$ des fonctions continues sur $[a;b]$, $(f|g)=\displaystyle\int_a^b f(t)g(t)\,\mathrm{d}t$
- Dans $\mathbb{R}[\mathrm{X}]$, il suffit d'intégrer $\mathrm{P}(t)\times\mathrm{Q}(t)$ sur n'importe quel intervalle borné. Des familles orthogonales sont définies en introduisant une fonction positive w :

  $(\mathrm{P}|\mathrm{Q})=\displaystyle\int_{\mathrm{I}}\mathrm{P}(t)\mathrm{Q}(t)w(t)\,\mathrm{d}t$ avec

$w(x)$	I	Famille
1	$[-1;1]$	Legendre
$1/\sqrt{1-x^2}$	$]-1;1[$	Tchebychev (1re espèce)
$\sqrt{1-x^2}$	$[-1;1]$	Tchebychev (2e espèce)
$(1-x)^{\alpha}(1+x)^{\beta}$	$[-1;1]$	Jacobi
e^{-x}	$[0;+\infty[$	Laguerre
e^{-x^2}	$]-\infty;+\infty[$	Hermite

LE PRODUIT VECTORIEL

Définition

Le produit scalaire n'est pas la seule opération que l'on puisse définir entre deux vecteurs. Dans $\mathbb{R}^3$ (et uniquement dans $\mathbb{R}^3$), le *produit vectoriel* est également utilisé.

Munissons $\mathbb{R}^3$ de sa base orthonormée usuelle $(\vec{\imath}, \vec{\jmath}, \vec{k})$. Le produit vectoriel des vecteurs $\vec{u}$ et $\vec{v}$, noté $\vec{u} \wedge \vec{v}$, vaut $\vec{0}$ si $\vec{u}$ et $\vec{v}$ sont colinéaires ; sinon, $\vec{u} \wedge \vec{v}$ est l'unique vecteur vérifiant :

- $\vec{u} \wedge \vec{v}$ est orthogonal à $\vec{u}$ et à $\vec{v}$
- $\|\vec{u} \wedge \vec{v}\| = \|\vec{u}\| \times \|\vec{v}\| \times |\sin(\widehat{\vec{u}, \vec{v}})|$
- la base $(\vec{u}, \vec{v}, \vec{u} \wedge \vec{v})$ a la même orientation que $(\vec{\imath}, \vec{\jmath}, \vec{k})$

Exemples : $\vec{\imath} \wedge \vec{\jmath} = \vec{k}$, $\quad \vec{\jmath} \wedge \vec{k} = \vec{\imath}$, $\quad \vec{k} \wedge \vec{\imath} = \vec{\jmath}$.

Le produit vectoriel peut aussi être défini (de manière équivalente) par les coordonnées, qui se calculent avec des déterminants :

$$\begin{pmatrix} a \\ b \\ c \end{pmatrix} \wedge \begin{pmatrix} d \\ e \\ f \end{pmatrix} = \left(\begin{vmatrix} b & e \\ c & f \end{vmatrix}, \begin{vmatrix} c & f \\ a & d \end{vmatrix}, \begin{vmatrix} a & d \\ b & e \end{vmatrix} \right) = \begin{pmatrix} bf - ce \\ cd - af \\ ae - bd \end{pmatrix}$$

Exemple :

$$\begin{pmatrix} 1 \\ 2 \\ 3 \end{pmatrix} \wedge \begin{pmatrix} 4 \\ 5 \\ 6 \end{pmatrix} = \left(\begin{vmatrix} 2 & 5 \\ 3 & 6 \end{vmatrix}, \begin{vmatrix} 3 & 6 \\ 1 & 4 \end{vmatrix}, \begin{vmatrix} 1 & 4 \\ 2 & 5 \end{vmatrix} \right) = \begin{pmatrix} -3 \\ 6 \\ -3 \end{pmatrix}$$

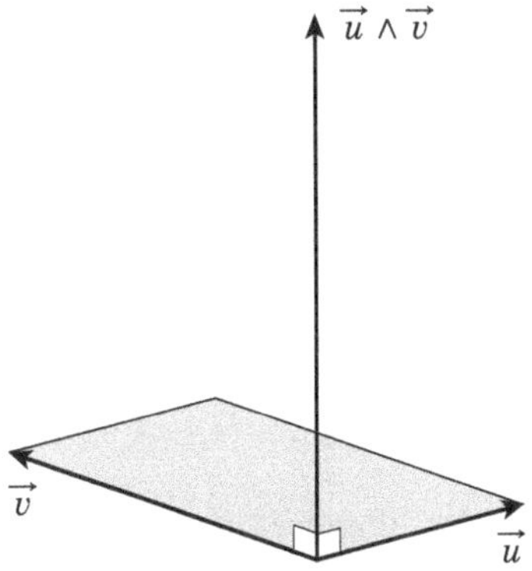

Interprétation géométrique

L'interprétation géométrique du produit vectoriel de $\vec{u}$ et $\vec{v}$ est que sa norme mesure l'aire du parallélogramme construit sur ces vecteurs ; en particulier, si $\vec{u}$ et $\vec{v}$ sont colinéaires, cette aire est bien nulle. Le signe de $\vec{u} \wedge \vec{v}$ reflète l'orientation de ces vecteurs.

Attendez ! On a dit au chapitre 4 que c'était le déterminant de deux vecteurs du plan qui mesurait l'aire du parallélogramme construit sur eux ! Mais nous allons voir que les deux interprétations sont compatibles. Supposons que $\vec{u}$ et $\vec{v}$ appartiennent à $\mathbb{R}^2$, avec les coordonnées $\begin{pmatrix} a \\ b \end{pmatrix}$ et $\begin{pmatrix} c \\ d \end{pmatrix}$ dans une base orthonormée. Ajoutons à cette base un troisième vecteur de façon à ce que la nouvelle base soit elle aussi orthonormée. Les vecteurs $\vec{u}$ et $\vec{v}$ peuvent maintenant être vus comme des vecteurs de $\mathbb{R}^3$, avec les coordonnées $\begin{pmatrix} a \\ b \\ 0 \end{pmatrix}$ et $\begin{pmatrix} c \\ d \\ 0 \end{pmatrix}$. Leur produit vectoriel vérifie donc

$$\begin{pmatrix} a \\ b \\ 0 \end{pmatrix} \wedge \begin{pmatrix} c \\ d \\ 0 \end{pmatrix} = \left(0, 0, \begin{vmatrix} a & b \\ c & d \end{vmatrix} \right) \qquad \text{d'où} \qquad \left\| \begin{pmatrix} a \\ b \\ 0 \end{pmatrix} \wedge \begin{pmatrix} c \\ d \\ 0 \end{pmatrix} \right\| = \begin{vmatrix} a & b \\ c & d \end{vmatrix}$$

Propriétés

Le produit vectoriel est :

- bilinéaire : $\vec{u} \wedge (\vec{v} + \vec{w}) = \vec{u} \wedge \vec{v} + \vec{u} \wedge \vec{w}$
  $(\vec{u} + \vec{v}) \wedge \vec{w} = \vec{u} \wedge \vec{w} + \vec{v} \wedge \vec{w}$
  et $\lambda(\vec{u} \wedge \vec{v}) = (\lambda \vec{u}) \wedge \vec{v} = \vec{u} \wedge (\lambda \vec{v})$
- antisymétrique : $\vec{v} \wedge \vec{u} = -\vec{u} \wedge \vec{v}$

C'est un exemple d'opération non associative, c'est-à-dire que $(\vec{u} \wedge \vec{v}) \wedge \vec{w} \neq \vec{u} \wedge (\vec{v} \wedge \vec{w})$ en général. Exemple :

$$\left[\begin{pmatrix}1\\2\\3\end{pmatrix} \wedge \begin{pmatrix}4\\5\\6\end{pmatrix}\right] \wedge \begin{pmatrix}7\\8\\9\end{pmatrix} = \begin{pmatrix}-3\\6\\-3\end{pmatrix} \wedge \begin{pmatrix}7\\8\\9\end{pmatrix} = \begin{pmatrix}78\\6\\-66\end{pmatrix}$$

$$\begin{pmatrix}1\\2\\3\end{pmatrix} \wedge \left[\begin{pmatrix}4\\5\\6\end{pmatrix} \wedge \begin{pmatrix}7\\8\\9\end{pmatrix}\right] = \begin{pmatrix}1\\2\\3\end{pmatrix} \wedge \begin{pmatrix}-3\\6\\-3\end{pmatrix} = \begin{pmatrix}-24\\-6\\12\end{pmatrix}$$

Utilisation

En mathématiques, c'est le plus souvent dans le cadre de la géométrie dans l'espace que l'on se sert du produit vectoriel, notamment pour établir l'équation d'un plan car le vecteur de coordonnées (a, b, c) est orthogonal au plan d'équation $ax + by + cz = d$.

Exemple : recherchons l'équation du plan $\mathscr{P}$ défini par le point A(1, 1, 1) et les vecteurs directeurs $\vec{u}(1,2,3)$ et $\vec{v}(4,5,6)$. Comme $\vec{u} \wedge \vec{v}$ a pour coordonnées $(-3, 6, -3)$, l'équation de $\mathscr{P}$ est de la forme $-3x + 6y - 3z = d$. Comme les coordonnées de A(1, 1, 1) doivent satisfaire cette équation, $d = -3 + 6 - 3 = 0$.

En physique, le produit vectoriel sert à exprimer plusieurs lois. Par exemple, une particule de charge q évoluant à la vitesse $\vec{v}$ dans un champ vectoriel $\vec{B}$ est soumise à la force de Lorentz $q\vec{v} \wedge \vec{B}$.

7

APPLICATIONS LINÉAIRES

UN TOURNOI AMICAL CONTRE L'UNIVERSITÉ NANHOU ?
C'EST ÇA !
DANS DEUX SEMAINES.
UN TOURNOI, HEIN ? J'IMAGINE QUE CE SERA SANS MOI.
YURINO !
TU EN ES.
QUOI ?!
VRAIMENT ?
EUH, SENSEI ? CE N'EST PAS UN PEU TÔT POUR...
T'ES EN TRAIN DE ME DIRE CE QUE JE DOIS FAIRE ?
OH NON ! NON ! BIEN SÛR QUE NON !
SLAM

J'AI HÂTE DE VOIR CE QUE TU AS APPRIS JUSQU'ICI.
COMPRIS ?
OSSU !
D'ACCORD !
BIEN. ROMPEZ !
UN COMBAT...
QU'EST-CE QUE JE VAIS FAIRE...
FRISSON
ARRÊTE DE RAISONNER COMME ÇA !
IL ME DONNE UNE CHANCE.
JE DOIS FAIRE DE MON MIEUX.

QU'EST-CE QU'UNE APPLICATION LINÉAIRE ?
NOUS SOMMES ENFIN ARRIVÉS AUX APPLICATIONS LINÉAIRES !
PLAN DU COURS
FONDAMENTAUX
MATRICES
VECTEURS
APPLICATIONS LINÉAIRES
VALEURS PROPRES ET VECTEURS PROPRES
COMMENÇONS PAR LA DÉFINITION.
TRÈS BIEN.
ON A ABORDÉ LE SUJET AU CHAPITRE 2.
OUAIS...
APPLICATIONS LINÉAIRES
Une fonction f d'un ensemble X dans un ensemble Y est une *application linéaire* de X dans Y si elle satisfait les deux conditions suivantes pour tous x_i et x_j dans X et pour tout réel c :
❶ $f(x_i) + f(x_j) = f(x_i + x_j)$
❷ $f(cx_i) = cf(x_i)$
APPLIQUONS CETTE DÉFINITION AVEC R^n.

APPLICATIONS LINÉAIRES

Une fonction f de R^n dans R^m est une application linéaire de R^n dans R^m si elle satisfait les deux conditions suivantes pour tous $\begin{pmatrix} x_{1i} \\ x_{2i} \\ \vdots \\ x_{ni} \end{pmatrix}$ et $\begin{pmatrix} x_{1j} \\ x_{2j} \\ \vdots \\ x_{nj} \end{pmatrix}$ dans R^n et pour tout réel c :

❶ $$f\left(\begin{pmatrix} x_{1i} \\ x_{2i} \\ \vdots \\ x_{ni} \end{pmatrix}\right) + f\left(\begin{pmatrix} x_{1j} \\ x_{2j} \\ \vdots \\ x_{nj} \end{pmatrix}\right) = f\left(\begin{pmatrix} x_{1i} + x_{1j} \\ x_{2i} + x_{2j} \\ \vdots \\ x_{ni} + x_{nj} \end{pmatrix}\right)$$

❷ $$f\left(c\begin{pmatrix} x_{1i} \\ x_{2i} \\ \vdots \\ x_{ni} \end{pmatrix}\right) = cf\left(\begin{pmatrix} x_{1i} \\ x_{2i} \\ \vdots \\ x_{ni} \end{pmatrix}\right)$$

ET SI f EST UNE APPLICATION LINÉAIRE DE $\mathbb{R}^n$ DANS $\mathbb{R}^m$...
$\mathbb{R}^n$
f
$\mathbb{R}^m$
TU NE SERAS PAS SURPRISE QU'ON PUISSE LA REPRÉSENTER PAR UNE MATRICE $m \times n$.
AH BON ?
JETTE UN ŒIL AUX ÉQUATIONS SUIVANTES.
$\mathbb{R}^2$
$\begin{pmatrix} a_{11} & a_{12} \\ a_{21} & a_{22} \\ a_{31} & a_{32} \end{pmatrix}$
$\mathbb{R}^3$
$\mathbb{R}^3$
$\begin{pmatrix} a_{11} & a_{12} & a_{13} \\ a_{21} & a_{22} & a_{23} \end{pmatrix}$
$\mathbb{R}^2$
$\mathbb{R}^2$
$\begin{pmatrix} a_{11} & a_{12} \\ a_{21} & a_{22} \end{pmatrix}$
$\mathbb{R}^2$

Vérifions que la règle ❶ $f\left(\begin{pmatrix} x_{1i} \\ x_{2i} \\ \vdots \\ x_{ni} \end{pmatrix}\right) + f\left(\begin{pmatrix} x_{1j} \\ x_{2j} \\ \vdots \\ x_{nj} \end{pmatrix}\right) = f\left(\begin{pmatrix} x_{1i} + x_{1j} \\ x_{2i} + x_{2j} \\ \vdots \\ x_{ni} + x_{nj} \end{pmatrix}\right)$

reste valide avec des matrices :

$$\begin{pmatrix} a_{11} & a_{12} & \cdots & a_{1n} \\ a_{21} & a_{22} & \cdots & a_{2n} \\ \vdots & \vdots & \ddots & \vdots \\ a_{m1} & a_{m2} & \cdots & a_{mn} \end{pmatrix} \begin{pmatrix} x_{1i} \\ x_{2i} \\ \vdots \\ x_{ni} \end{pmatrix} + \begin{pmatrix} a_{11} & a_{12} & \cdots & a_{1n} \\ a_{21} & a_{22} & \cdots & a_{2n} \\ \vdots & \vdots & \ddots & \vdots \\ a_{m1} & a_{m2} & \cdots & a_{mn} \end{pmatrix} \begin{pmatrix} x_{1j} \\ x_{2j} \\ \vdots \\ x_{nj} \end{pmatrix}$$

$$= \begin{pmatrix} a_{11}x_{1i} + a_{12}x_{2i} + \ldots + a_{1n}x_{ni} \\ a_{21}x_{1i} + a_{22}x_{2i} + \ldots + a_{2n}x_{ni} \\ \vdots \\ a_{m1}x_{1i} + a_{m2}x_{2i} + \ldots + a_{mn}x_{ni} \end{pmatrix} + \begin{pmatrix} a_{11}x_{1j} + a_{12}x_{2j} + \ldots + a_{1n}x_{nj} \\ a_{21}x_{1j} + a_{22}x_{2j} + \ldots + a_{2n}x_{nj} \\ \vdots \\ a_{m1}x_{1j} + a_{m2}x_{2j} + \ldots + a_{mn}x_{nj} \end{pmatrix}$$

$$= \begin{pmatrix} a_{11}(x_{1i} + x_{1j}) + a_{12}(x_{2i} + x_{2j}) + \ldots + a_{1n}(x_{ni} + x_{nj}) \\ a_{21}(x_{1i} + x_{1j}) + a_{22}(x_{2i} + x_{2j}) + \ldots + a_{2n}(x_{ni} + x_{nj}) \\ \vdots \\ a_{m1}(x_{1i} + x_{1j}) + a_{m2}(x_{2i} + x_{2j}) + \ldots + a_{mn}(x_{ni} + x_{nj}) \end{pmatrix}$$

$$= \begin{pmatrix} a_{11} & a_{12} & \cdots & a_{1n} \\ a_{21} & a_{22} & \cdots & a_{2n} \\ \vdots & \vdots & \ddots & \vdots \\ a_{m1} & a_{m2} & \cdots & a_{mn} \end{pmatrix} \begin{pmatrix} x_{1i} + x_{1j} \\ x_{2i} + x_{2j} \\ \vdots \\ x_{ni} + x_{nj} \end{pmatrix}$$

Vérifions que la règle ❷ $cf\left(\begin{pmatrix} x_{1i} \\ x_{2i} \\ \vdots \\ x_{ni} \end{pmatrix}\right) = f\left(c\begin{pmatrix} x_{1i} \\ x_{2i} \\ \vdots \\ x_{ni} \end{pmatrix}\right)$

reste également valide avec des matrices :

$$c\begin{pmatrix} a_{11} & a_{12} & \cdots & a_{1n} \\ a_{21} & a_{22} & \cdots & a_{2n} \\ \vdots & \vdots & \ddots & \vdots \\ a_{m1} & a_{m2} & \cdots & a_{mn} \end{pmatrix}\begin{pmatrix} x_{1i} \\ x_{2i} \\ \vdots \\ x_{ni} \end{pmatrix}$$

$$= c\begin{pmatrix} a_{11}x_{1i} + a_{12}x_{2i} + \ldots + a_{1n}x_{ni} \\ a_{21}x_{1i} + a_{22}x_{2i} + \ldots + a_{2n}x_{ni} \\ \vdots \\ a_{m1}x_{1i} + a_{m2}x_{2i} + \ldots + a_{mn}x_{ni} \end{pmatrix}$$

$$= \begin{pmatrix} a_{11}(cx_{1i}) + a_{12}(cx_{2i}) + \ldots + a_{1n}(cx_{ni}) \\ a_{21}(cx_{1i}) + a_{22}(cx_{2i}) + \ldots + a_{2n}(cx_{ni}) \\ \vdots \\ a_{m1}(cx_{1i}) + a_{m2}(cx_{2i}) + \ldots + a_{mn}(cx_{ni}) \end{pmatrix}$$

$$= \begin{pmatrix} a_{11} & a_{12} & \cdots & a_{1n} \\ a_{21} & a_{22} & \cdots & a_{2n} \\ \vdots & \vdots & \ddots & \vdots \\ a_{m1} & a_{m2} & \cdots & a_{mn} \end{pmatrix}\begin{pmatrix} cx_{1i} \\ cx_{2i} \\ \vdots \\ cx_{ni} \end{pmatrix}$$

$$= \begin{pmatrix} a_{11} & a_{12} & \cdots & a_{1n} \\ a_{21} & a_{22} & \cdots & a_{2n} \\ \vdots & \vdots & \ddots & \vdots \\ a_{m1} & a_{m2} & \cdots & a_{mn} \end{pmatrix}\left[c\begin{pmatrix} x_{1i} \\ x_{2i} \\ \vdots \\ x_{ni} \end{pmatrix}\right]$$

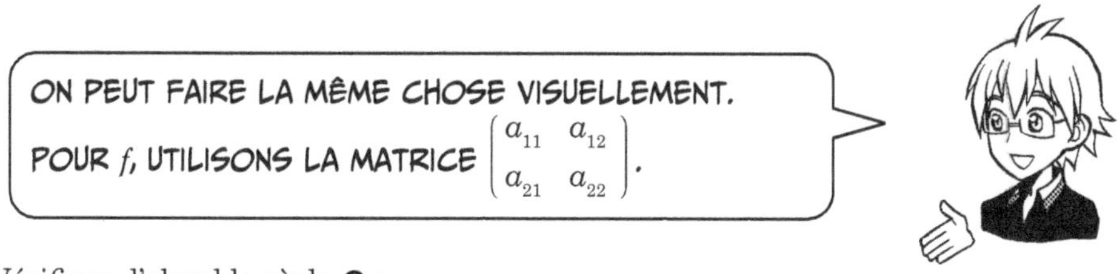

Vérifions d'abord la règle ❶ :

$$\begin{pmatrix} a_{11} & a_{12} \\ a_{21} & a_{22} \end{pmatrix}\begin{pmatrix} x_{1i} \\ x_{2i} \end{pmatrix} + \begin{pmatrix} a_{11} & a_{12} \\ a_{21} & a_{22} \end{pmatrix}\begin{pmatrix} x_{1j} \\ x_{2j} \end{pmatrix} = \begin{pmatrix} a_{11} & a_{12} \\ a_{21} & a_{22} \end{pmatrix}\begin{pmatrix} x_{1i} + x_{1j} \\ x_{2i} + x_{2j} \end{pmatrix}$$

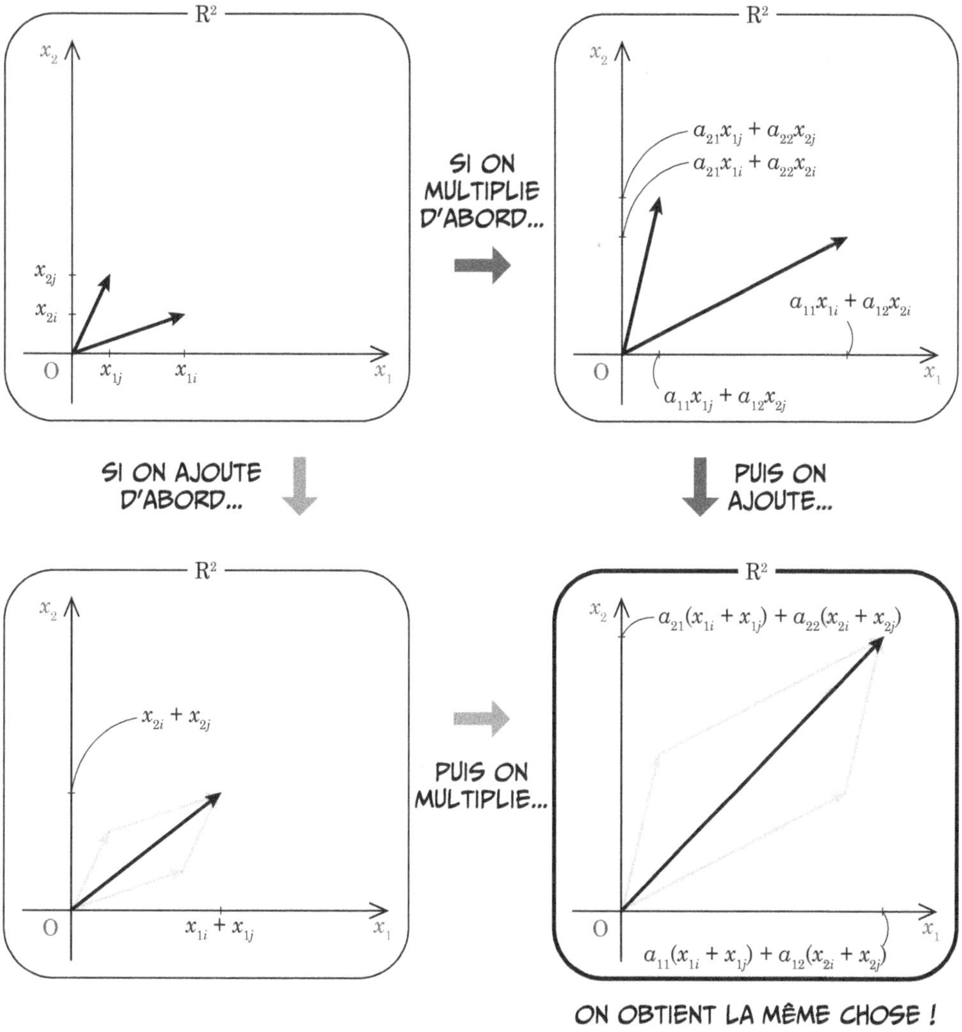

Vérifions aussi la règle ❷ : $c\begin{pmatrix} a_{11} & a_{12} \\ a_{21} & a_{22} \end{pmatrix}\begin{pmatrix} x_{1i} \\ x_{2i} \end{pmatrix} = \begin{pmatrix} a_{11} & a_{12} \\ a_{21} & a_{22} \end{pmatrix}\left[c\begin{pmatrix} x_{1i} \\ x_{2i} \end{pmatrix}\right]$

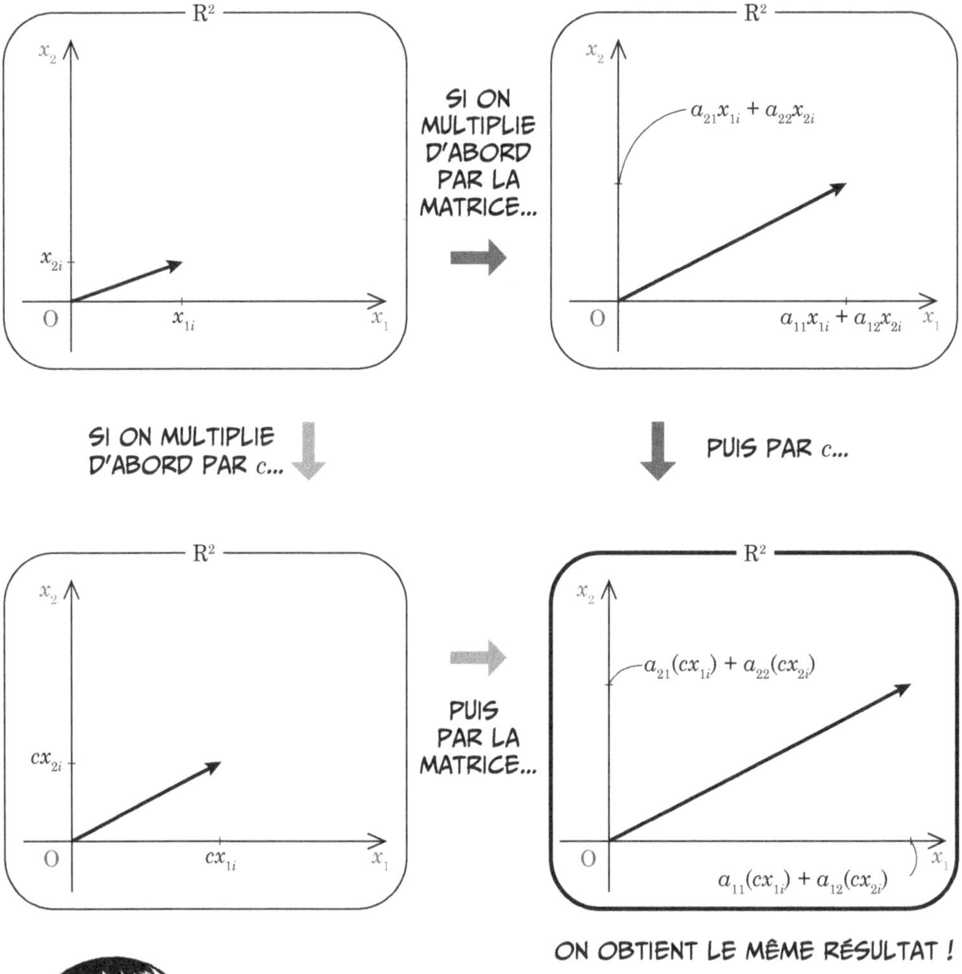

IL EST DONC ÉQUIVALENT DE CONSIDÉRER UNE APPLICATION LINÉAIRE f DE R^n DANS R^m OU SA MATRICE $m \times n$ ASSOCIÉE
$$\begin{pmatrix} a_{11} & a_{12} & \cdots & a_{1n} \\ a_{21} & a_{22} & \cdots & a_{2n} \\ \vdots & \vdots & \ddots & \vdots \\ a_{m1} & a_{m2} & \cdots & a_{mn} \end{pmatrix}$$
DONT LES COLONNES SONT LES IMAGES PAR f DES VECTEURS DE LA BASE DE R^n.
J'AI COMPRIS !
$\mathbb{R}^n$
$\mathbb{R}^m$
POURQUOI ON ÉTUDIE LES APPLICATIONS LINÉAIRES
ALORS... À QUOI SERVENT PRÉCISÉMENT LES APPLICATIONS LINÉAIRES ?
ELLES SEMBLENT ASSEZ IMPORTANTES. J'IMAGINE QU'ON VA LES UTILISER SOUVENT ?
EN FAIT, CE N'EST PAS VRAIMENT UNE QUESTION D'IMPORTANCE...
POURQUOI DOIT-ON LES ÉTUDIER, ALORS ?
EH BIEN...
C'EST EXACTEMENT CE DONT JE VOULAIS PARLER ENSUITE.

CONSIDÈRE L'APPLICATION LINÉAIRE DE R^n DANS R^m DÉFINIE PAR LA MATRICE $m \times n$ SUIVANTE :

$$\begin{pmatrix} a_{11} & a_{12} & \cdots & a_{1n} \\ a_{21} & a_{22} & \cdots & a_{2n} \\ \vdots & \vdots & \ddots & \vdots \\ a_{m1} & a_{m2} & \cdots & a_{mn} \end{pmatrix}$$

SI $\begin{pmatrix} y_1 \\ y_2 \\ \vdots \\ y_m \end{pmatrix}$ EST L'IMAGE DE $\begin{pmatrix} x_1 \\ x_2 \\ \vdots \\ x_n \end{pmatrix}$ PAR CETTE APPLICATION LINÉAIRE, ALORS :

$$\begin{pmatrix} y_1 \\ y_2 \\ \vdots \\ y_m \end{pmatrix} = \begin{pmatrix} a_{11} & a_{12} & \cdots & a_{1n} \\ a_{21} & a_{22} & \cdots & a_{2n} \\ \vdots & \vdots & \ddots & \vdots \\ a_{m1} & a_{m2} & \cdots & a_{mn} \end{pmatrix} \begin{pmatrix} x_1 \\ x_2 \\ \vdots \\ x_n \end{pmatrix}$$

IMAGE ?

OUI. VOICI UNE DÉFINITION.

IMAGES

Soit x_i un élément de X.

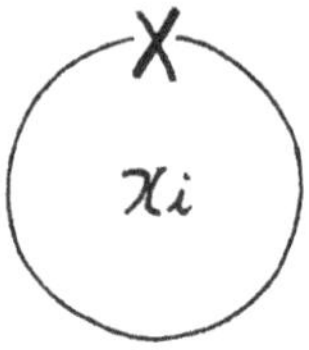

ON A DÉJÀ VU ÇA, NON ?

L'élément de Y obtenu en appliquant f à x_i est appelé « l'image de x_i par f ».

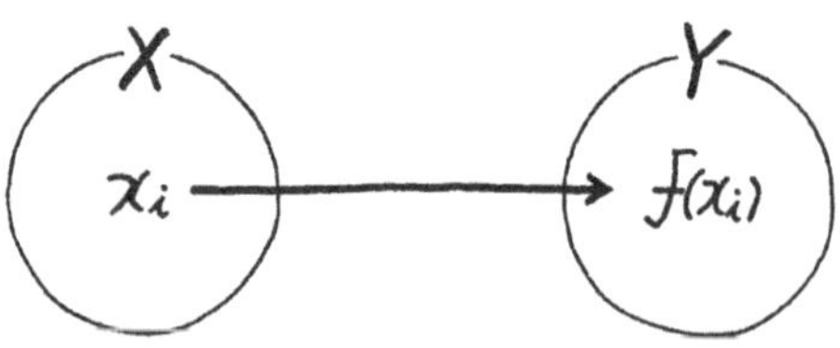

OUI, AU CHAPITRE 2.

MAIS CETTE DÉFINITION EST UN PEU VAGUE. REGARDE CECI :
OK.
TU NE TROUVES PAS QUE ÇA RESSEMBLE À UNE ÉQUATION CLASSIQUE $y = ax$?
MOUAIS, EN LOUCHANT...
ET SI JE L'ÉCRIS COMME CECI ?
JE SUPPOSE QUE ÇA SE TIENT.
Quand on multiplie une matrice $m \times n$ par un vecteur de R^n, on obtient un vecteur de... R^m !

ON ÉTUDIE LES APPLICATIONS LINÉAIRES AFIN DE MIEUX COMPRENDRE LE CONCEPT D'*IMAGE*, EN UTILISANT DES MOYENS VISUELS PLUTÔT QUE DE SIMPLES FORMULES.
TA-DA !
$\begin{pmatrix} y_1 \\ y_2 \\ \vdots \\ y_m \end{pmatrix} = \begin{pmatrix} a_{11} & a_{12} & \cdots & a_{1n} \\ a_{21} & a_{22} & \cdots & a_{2n} \\ \vdots & \vdots & \ddots & \vdots \\ a_{m1} & a_{m2} & \cdots & a_{mn} \end{pmatrix} \begin{pmatrix} x_1 \\ x_2 \\ \vdots \\ x_n \end{pmatrix}$
EUH ?
JE DOIS APPRENDRE TOUS CES TRUCS À CAUSE DE... ÇA ?
OH, MAIS « ÇA » A BEAUCOUP PLUS D'IMPORTANCE QUE TU NE LE CROIS !
PRENDS CETTE APPLICATION LINÉAIRE DE $\mathbb{R}^3$ DANS $\mathbb{R}^2$, PAR EXEMPLE.
$\begin{pmatrix} y_1 \\ y_2 \end{pmatrix} = \begin{pmatrix} a_{11} & a_{12} & a_{13} \\ a_{21} & a_{22} & a_{23} \end{pmatrix} \begin{pmatrix} x_1 \\ x_2 \\ x_3 \end{pmatrix}$
TU POURRAIS L'ÉCRIRE COMME UN SYSTÈME D'ÉQUATIONS LINÉAIRES, SI TU VOULAIS.
$\begin{cases} y_1 = a_{11}x_1 + a_{12}x_2 + a_{13}x_3 \\ y_2 = a_{21}x_1 + a_{22}x_2 + a_{23}x_3 \end{cases}$
MAIS TU SERAS D'ACCORD QUE CELA NE DONNE PAS VRAIMENT LE SENTIMENT DE « TRANSFORMER UN ESPACE TRIDIMENSIONNEL EN UN ESPACE BIDIMENSIONNEL », NON ?

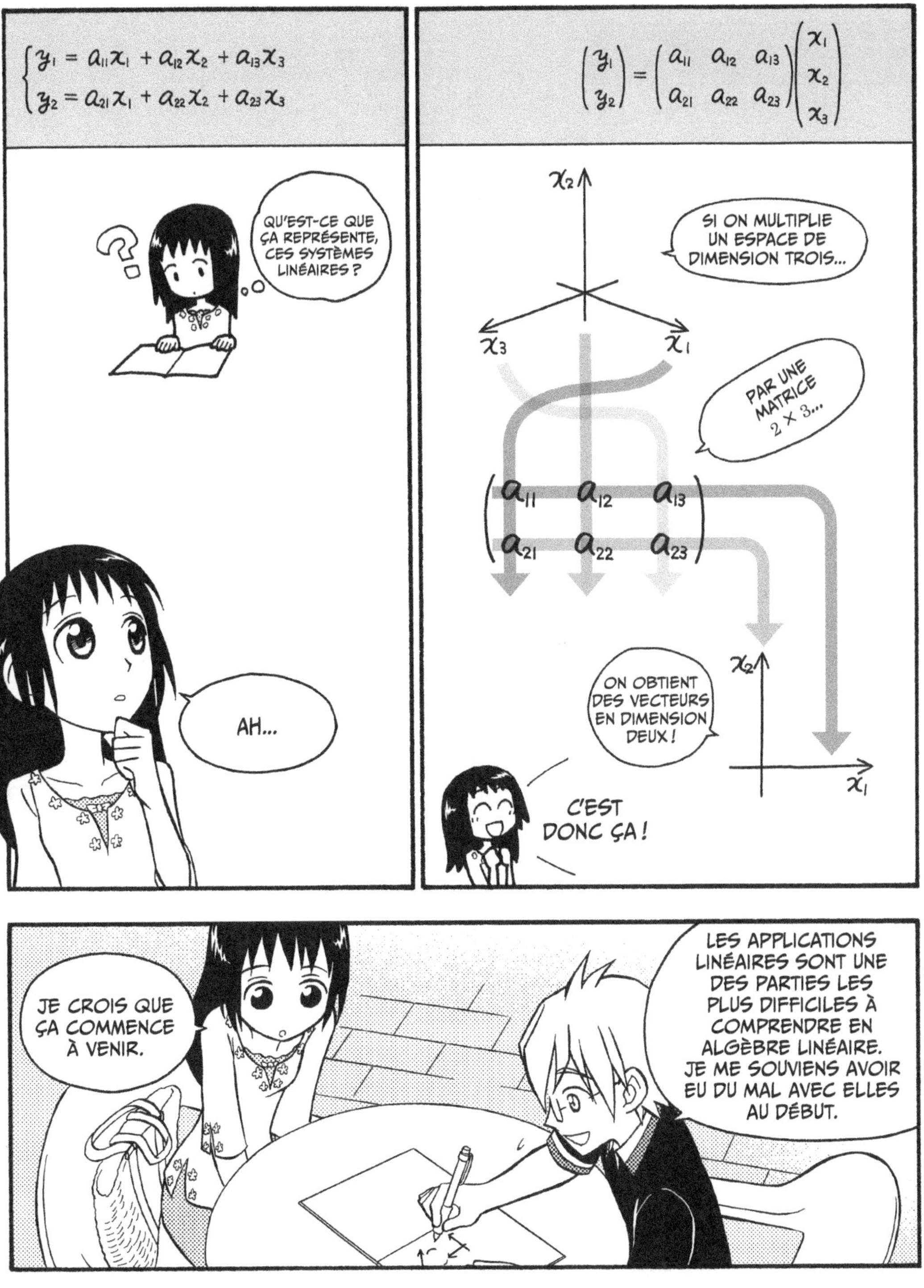

$$\begin{cases} y_1 = a_{11}x_1 + a_{12}x_2 + a_{13}x_3 \\ y_2 = a_{21}x_1 + a_{22}x_2 + a_{23}x_3 \end{cases}$$
QU'EST-CE QUE ÇA REPRÉSENTE, CES SYSTÈMES LINÉAIRES ?
AH...
$$\begin{pmatrix} y_1 \\ y_2 \end{pmatrix} = \begin{pmatrix} a_{11} & a_{12} & a_{13} \\ a_{21} & a_{22} & a_{23} \end{pmatrix} \begin{pmatrix} x_1 \\ x_2 \\ x_3 \end{pmatrix}$$
x_2
x_3
x_1
SI ON MULTIPLIE UN ESPACE DE DIMENSION TROIS...
PAR UNE MATRICE 2 × 3...
$\begin{pmatrix} a_{11} & a_{12} & a_{13} \\ a_{21} & a_{22} & a_{23} \end{pmatrix}$
x_2
x_1
ON OBTIENT DES VECTEURS EN DIMENSION DEUX !
C'EST DONC ÇA !
JE CROIS QUE ÇA COMMENCE À VENIR.
LES APPLICATIONS LINÉAIRES SONT UNE DES PARTIES LES PLUS DIFFICILES À COMPRENDRE EN ALGÈBRE LINÉAIRE. JE ME SOUVIENS AVOIR EU DU MAL AVEC ELLES AU DÉBUT.

TRANSFORMATIONS PARTICULIÈRES
NÉANMOINS, NE CROIS PAS QUE LES APPLICATIONS LINÉAIRES N'ONT AUCUNE UTILITÉ PRATIQUE. L'INFOGRAPHIE, PAR EXEMPLE, DÉPEND FORTEMENT DE L'ALGÈBRE LINÉAIRE ET DES APPLICATIONS LINÉAIRES EN PARTICULIER.
VRAIMENT ?
OUI. PUISQU'ON EN PARLE, VOYONS QUELQUES TRANSFORMATIONS QUI PERMETTENT D'EFFECTUER DES DISTORSIONS, DES ROTATIONS, DES TRANSLATIONS ET DES PROJECTIONS EN 3D.
CLIC
WAAH ! JOLI !
UTILISONS UN DE MES DESSINS.
PRENONS UN POINT (x_1, x_2) SUR LE DESSIN. LE SOMMET DE LA NAGEOIRE DORSALE FERA L'AFFAIRE.
LE POINT (x_1, x_2)
x_2
0
x_1

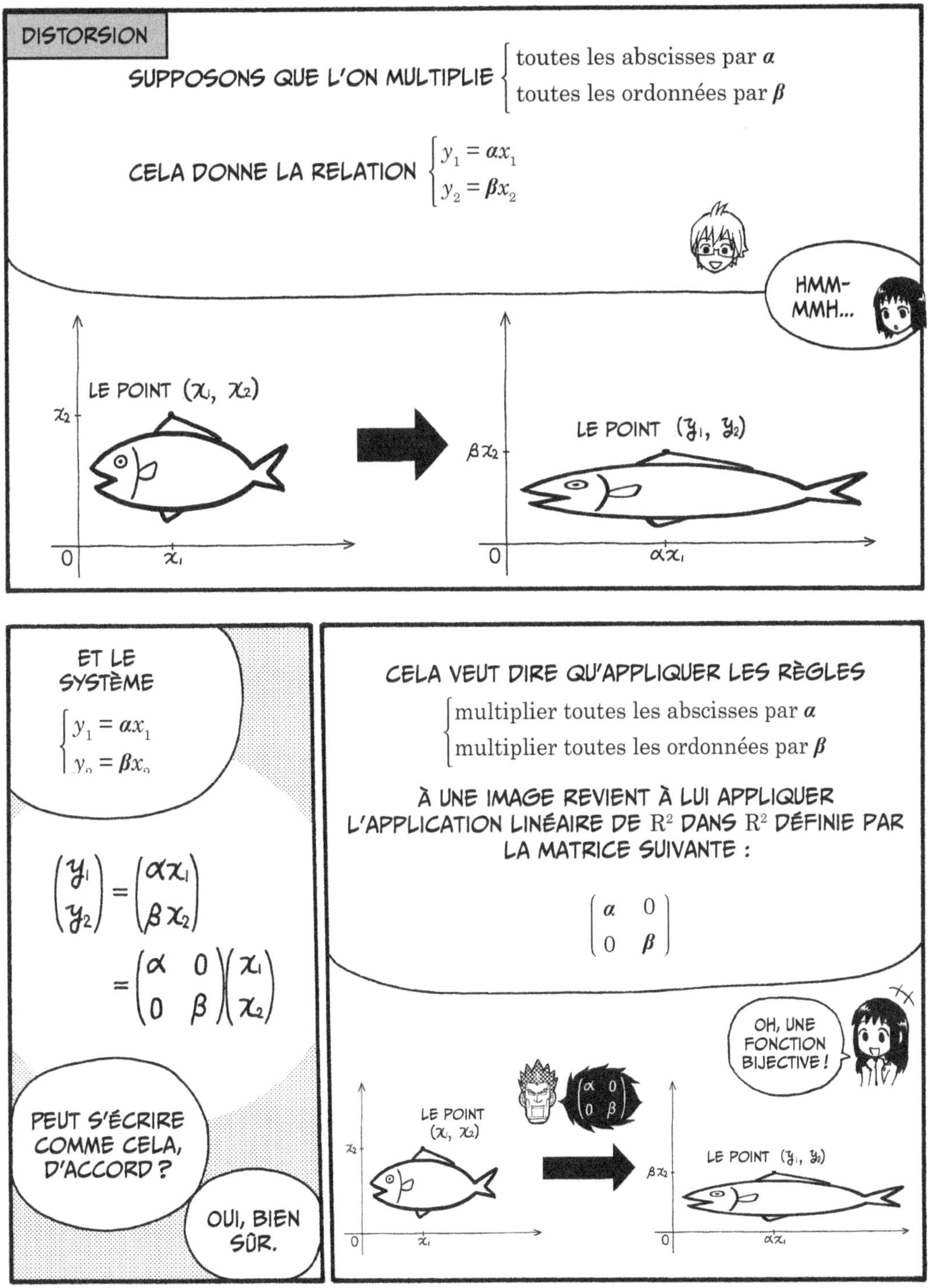
DISTORSION
SUPPOSONS QUE L'ON MULTIPLIE { toutes les abscisses par α / toutes les ordonnées par β
CELA DONNE LA RELATION $\begin{cases} y_1 = \alpha x_1 \\ y_2 = \beta x_2 \end{cases}$
HMM-MMH...
LE POINT (x_1, x_2)
x_2
0
x_1
LE POINT (y_1, y_2)
βx_2
0
αx_1
ET LE SYSTÈME $\begin{cases} y_1 = \alpha x_1 \\ y_2 = \beta x_2 \end{cases}$
$\begin{pmatrix} y_1 \\ y_2 \end{pmatrix} = \begin{pmatrix} \alpha x_1 \\ \beta x_2 \end{pmatrix} = \begin{pmatrix} \alpha & 0 \\ 0 & \beta \end{pmatrix}\begin{pmatrix} x_1 \\ x_2 \end{pmatrix}$
PEUT S'ÉCRIRE COMME CELA, D'ACCORD ?
OUI, BIEN SÛR.
CELA VEUT DIRE QU'APPLIQUER LES RÈGLES { multiplier toutes les abscisses par α / multiplier toutes les ordonnées par β
À UNE IMAGE REVIENT À LUI APPLIQUER L'APPLICATION LINÉAIRE DE $\mathbb{R}^2$ DANS $\mathbb{R}^2$ DÉFINIE PAR LA MATRICE SUIVANTE :
$\begin{pmatrix} \alpha & 0 \\ 0 & \beta \end{pmatrix}$
OH, UNE FONCTION BIJECTIVE !
LE POINT (x_1, x_2)
$\begin{pmatrix} \alpha & 0 \\ 0 & \beta \end{pmatrix}$
x_2
0
x_1
LE POINT (y_1, y_2)
βx_2
0
αx_1

ROTATION

- Tourner $\begin{pmatrix} x_1 \\ 0 \end{pmatrix}$ d'un angle* θ donne $\begin{pmatrix} x_1\cos\theta \\ x_1\sin\theta \end{pmatrix}$

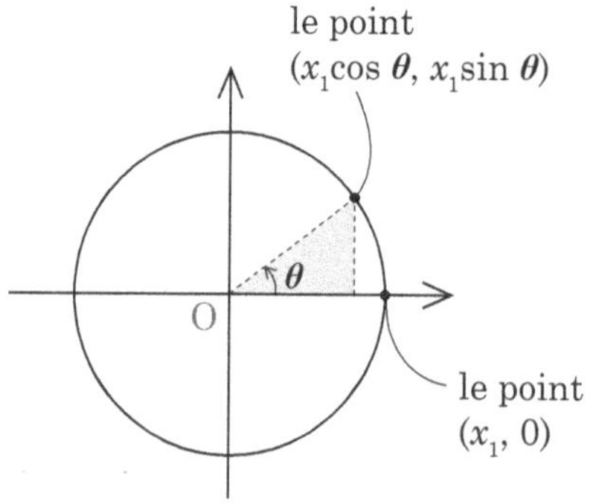

- Tourner $\begin{pmatrix} 0 \\ x_2 \end{pmatrix}$ d'un angle θ donne $\begin{pmatrix} -x_2\sin\theta \\ x_2\cos\theta \end{pmatrix}$

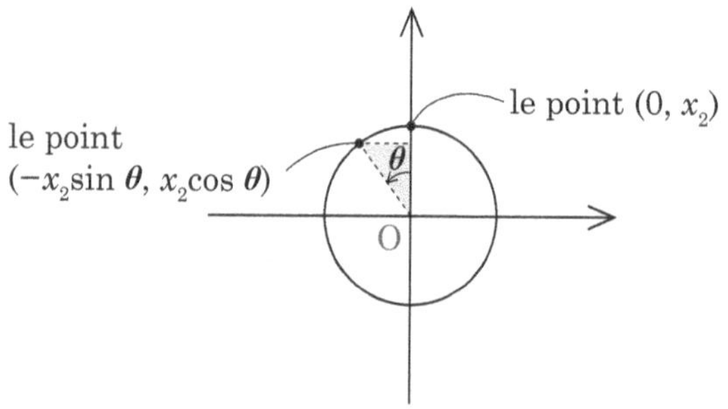

- Tourner $\begin{pmatrix} x_1 \\ x_2 \end{pmatrix} = \begin{pmatrix} x_1 \\ 0 \end{pmatrix} + \begin{pmatrix} 0 \\ x_2 \end{pmatrix}$

  de θ donne

$$\begin{pmatrix} x_1\cos\theta \\ x_1\sin\theta \end{pmatrix} + \begin{pmatrix} -x_2\sin\theta \\ x_2\cos\theta \end{pmatrix}$$

$$= \begin{pmatrix} x_1\cos\theta - x_2\sin\theta \\ x_1\sin\theta + x_2\cos\theta \end{pmatrix}$$

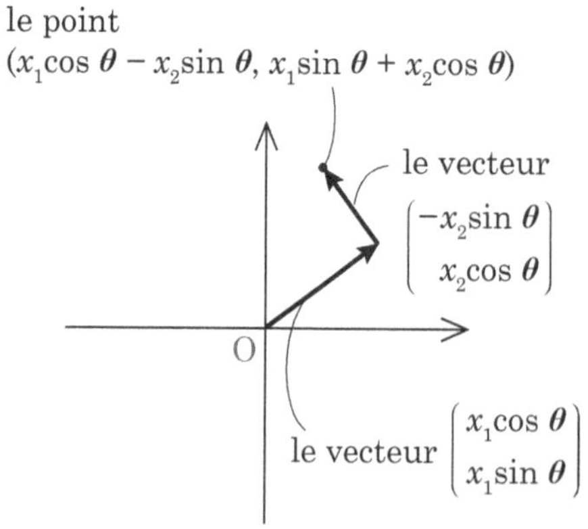

* La lettre grecque θ se lit thêta.

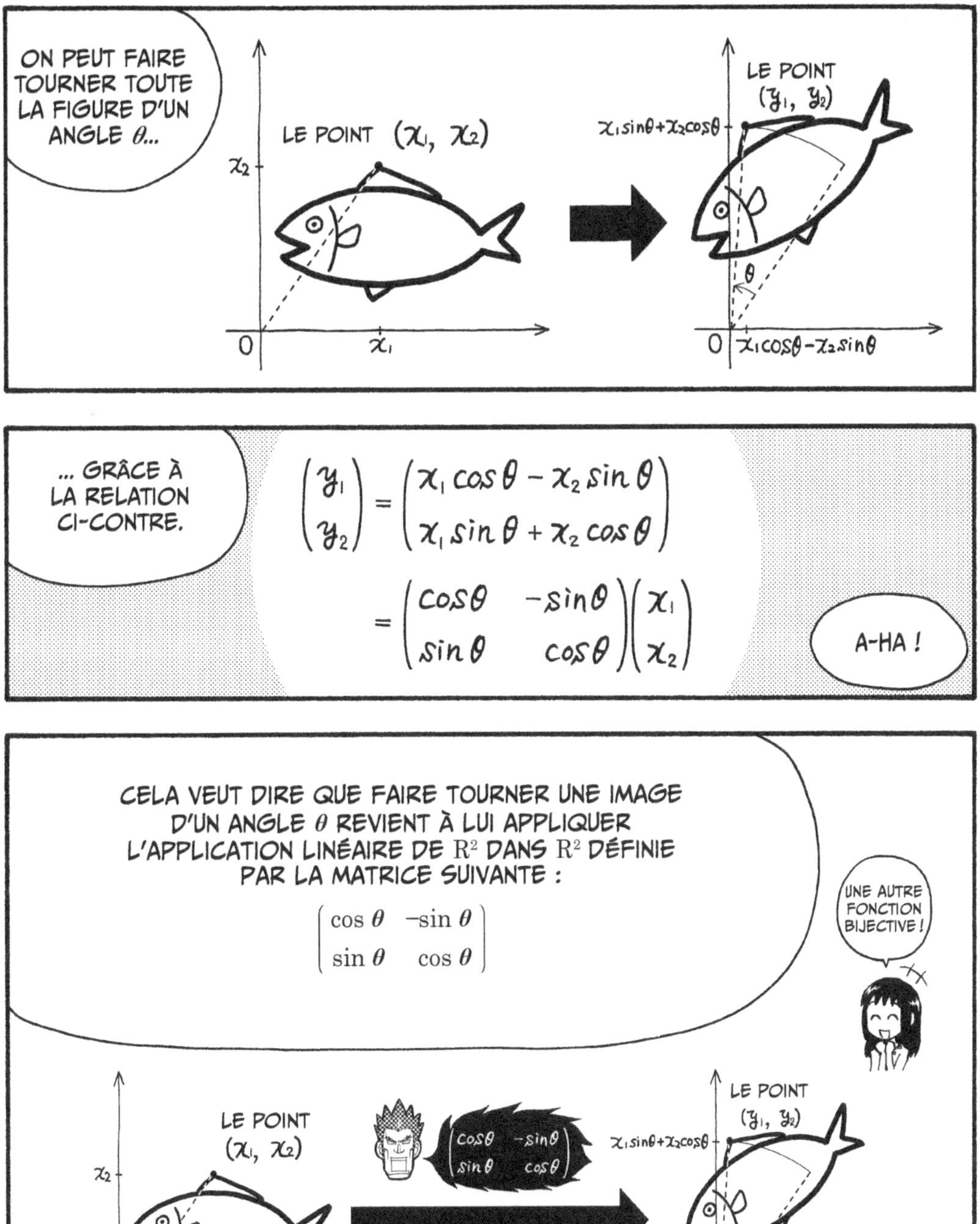
ON PEUT FAIRE TOURNER TOUTE LA FIGURE D'UN ANGLE θ...
LE POINT (x_1, x_2)
x_2
0
x_1
LE POINT (y_1, y_2)
$x_1 \sin\theta + x_2 \cos\theta$
θ
0
$x_1 \cos\theta - x_2 \sin\theta$
... GRÂCE À LA RELATION CI-CONTRE.
$\begin{pmatrix} y_1 \\ y_2 \end{pmatrix} = \begin{pmatrix} x_1 \cos\theta - x_2 \sin\theta \\ x_1 \sin\theta + x_2 \cos\theta \end{pmatrix} = \begin{pmatrix} \cos\theta & -\sin\theta \\ \sin\theta & \cos\theta \end{pmatrix} \begin{pmatrix} x_1 \\ x_2 \end{pmatrix}$
A-HA !
CELA VEUT DIRE QUE FAIRE TOURNER UNE IMAGE D'UN ANGLE θ REVIENT À LUI APPLIQUER L'APPLICATION LINÉAIRE DE R^2 DANS R^2 DÉFINIE PAR LA MATRICE SUIVANTE :
$\begin{pmatrix} \cos\theta & -\sin\theta \\ \sin\theta & \cos\theta \end{pmatrix}$
UNE AUTRE FONCTION BIJECTIVE !
LE POINT (x_1, x_2)
x_2
0
x_1
$\begin{pmatrix} \cos\theta & -\sin\theta \\ \sin\theta & \cos\theta \end{pmatrix}$
LE POINT (y_1, y_2)
$x_1 \sin\theta + x_2 \cos\theta$
θ
0
$x_1 \cos\theta - x_2 \sin\theta$

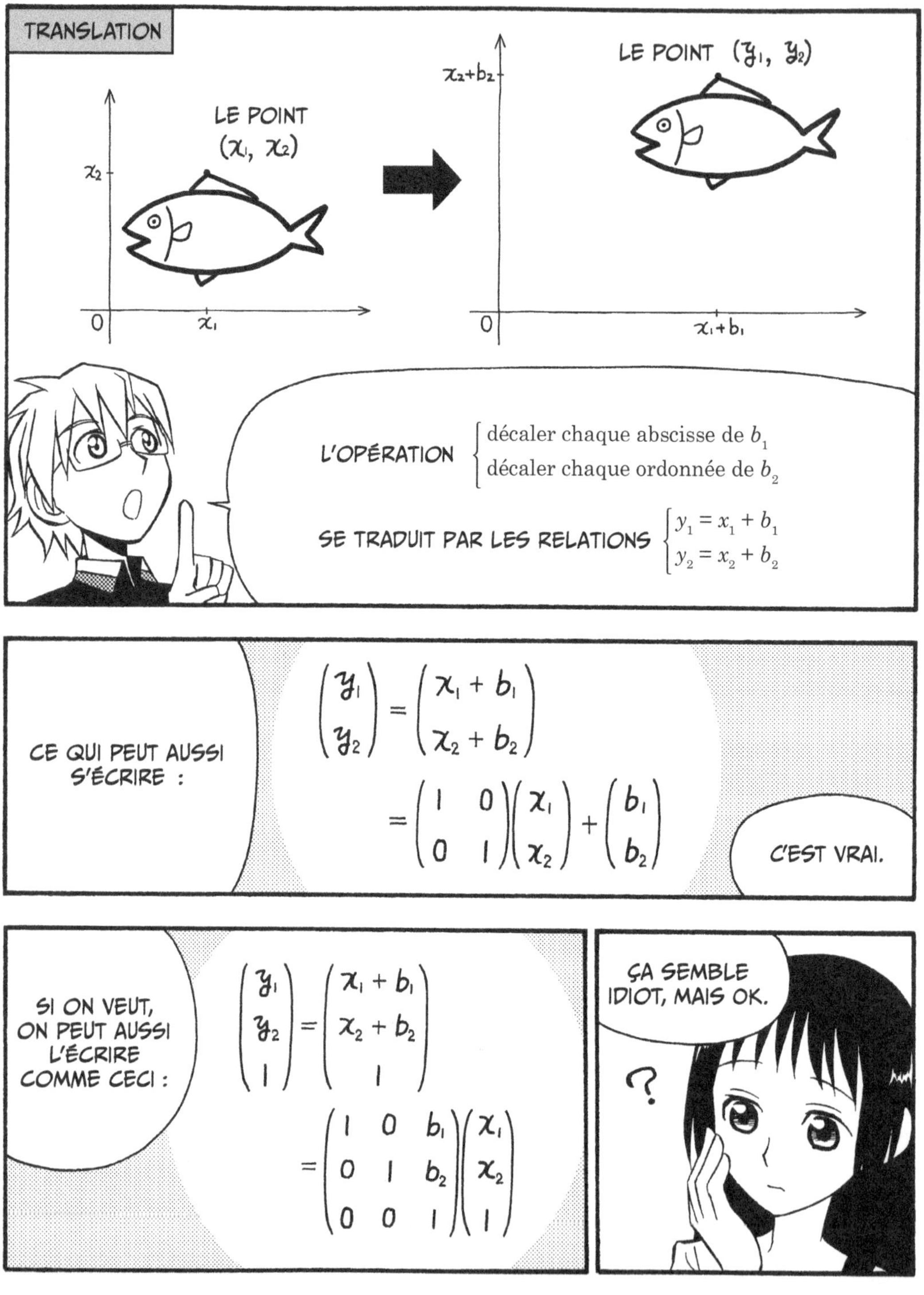
TRANSLATION
LE POINT (x_1, x_2)
x_2
0
x_1
LE POINT (y_1, y_2)
x_2+b_2
0
x_1+b_1
L'OPÉRATION $\begin{cases} \text{décaler chaque abscisse de } b_1 \\ \text{décaler chaque ordonnée de } b_2 \end{cases}$
SE TRADUIT PAR LES RELATIONS $\begin{cases} y_1 = x_1 + b_1 \\ y_2 = x_2 + b_2 \end{cases}$
CE QUI PEUT AUSSI S'ÉCRIRE :
$\begin{pmatrix} y_1 \\ y_2 \end{pmatrix} = \begin{pmatrix} x_1 + b_1 \\ x_2 + b_2 \end{pmatrix} = \begin{pmatrix} 1 & 0 \\ 0 & 1 \end{pmatrix} \begin{pmatrix} x_1 \\ x_2 \end{pmatrix} + \begin{pmatrix} b_1 \\ b_2 \end{pmatrix}$
C'EST VRAI.
SI ON VEUT, ON PEUT AUSSI L'ÉCRIRE COMME CECI :
$\begin{pmatrix} y_1 \\ y_2 \\ 1 \end{pmatrix} = \begin{pmatrix} x_1 + b_1 \\ x_2 + b_2 \\ 1 \end{pmatrix} = \begin{pmatrix} 1 & 0 & b_1 \\ 0 & 1 & b_2 \\ 0 & 0 & 1 \end{pmatrix} \begin{pmatrix} x_1 \\ x_2 \\ 1 \end{pmatrix}$
ÇA SEMBLE IDIOT, MAIS OK.
?

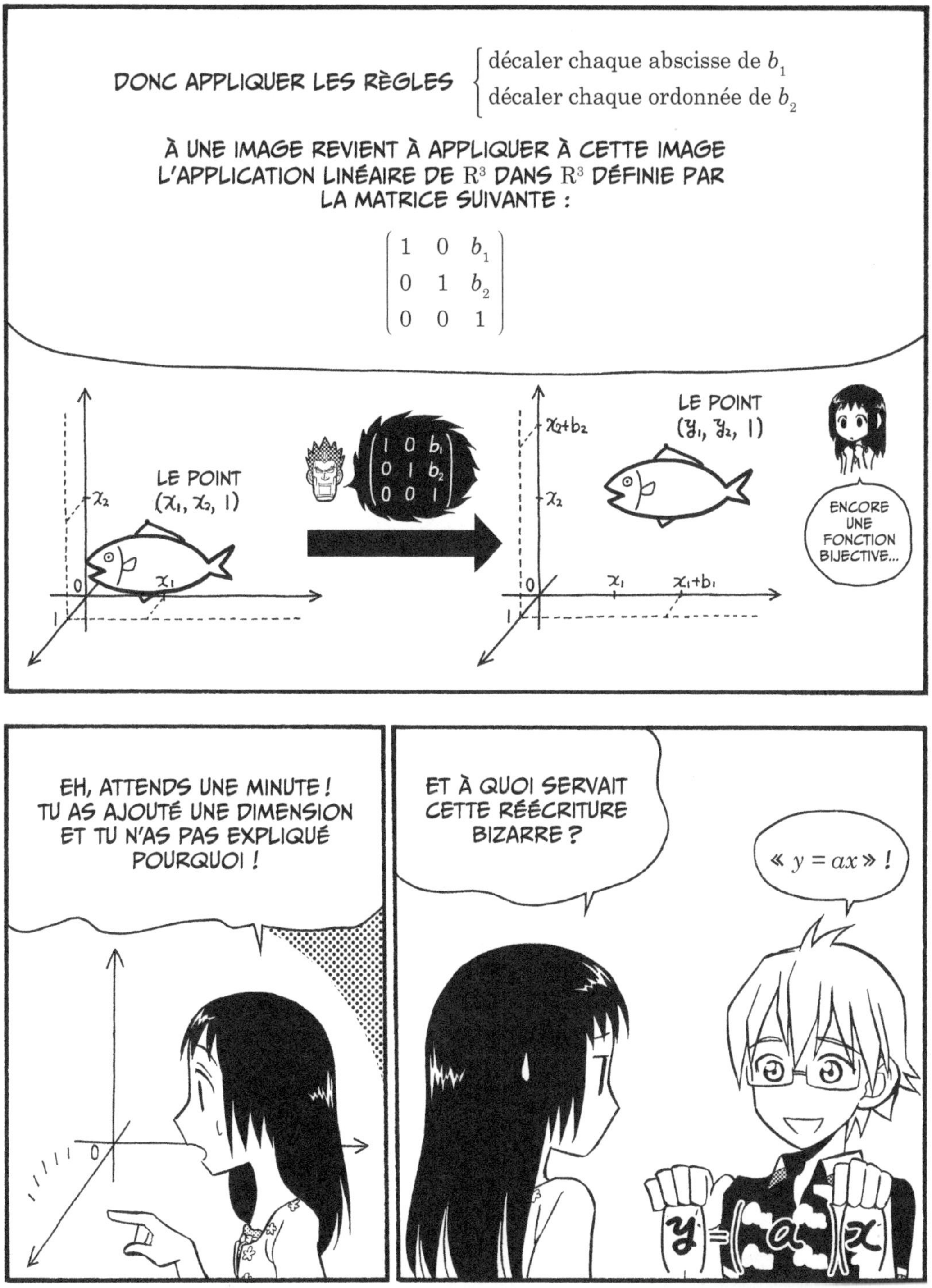

DONC APPLIQUER LES RÈGLES
décaler chaque abscisse de b_1
décaler chaque ordonnée de b_2
À UNE IMAGE REVIENT À APPLIQUER À CETTE IMAGE L'APPLICATION LINÉAIRE DE R^3 DANS R^3 DÉFINIE PAR LA MATRICE SUIVANTE :
$\begin{pmatrix} 1 & 0 & b_1 \\ 0 & 1 & b_2 \\ 0 & 0 & 1 \end{pmatrix}$
LE POINT (x_1, x_2, 1)
x_2
x_1
0
1
$\begin{pmatrix} 1 & 0 & b_1 \\ 0 & 1 & b_2 \\ 0 & 0 & 1 \end{pmatrix}$
LE POINT (y_1, y_2, 1)
x_2+b_2
x_2
x_1
x_1+b_1
0
1
ENCORE UNE FONCTION BIJECTIVE...
EH, ATTENDS UNE MINUTE ! TU AS AJOUTÉ UNE DIMENSION ET TU N'AS PAS EXPLIQUÉ POURQUOI !
0
ET À QUOI SERVAIT CETTE RÉÉCRITURE BIZARRE ?
« $y = ax$ » !
y = (a) x

	APPLICATIONS LINÉAIRES USUELLES	APPLICATIONS LINÉAIRES UTILISÉES PAR LES ORDINATEURS
DISTORSION	$\begin{pmatrix} y_1 \\ y_2 \end{pmatrix} = \begin{pmatrix} \alpha & 0 \\ 0 & \beta \end{pmatrix} \begin{pmatrix} x_1 \\ x_2 \end{pmatrix}$	$\begin{pmatrix} y_1 \\ y_2 \\ 1 \end{pmatrix} = \begin{pmatrix} \alpha & 0 & 0 \\ 0 & \beta & 0 \\ 0 & 0 & 1 \end{pmatrix} \begin{pmatrix} x_1 \\ x_2 \\ 1 \end{pmatrix}$
ROTATION	$\begin{pmatrix} y_1 \\ y_2 \end{pmatrix} = \begin{pmatrix} \cos\theta & -\sin\theta \\ \sin\theta & \cos\theta \end{pmatrix} \begin{pmatrix} x_1 \\ x_2 \end{pmatrix}$	$\begin{pmatrix} y_1 \\ y_2 \\ 1 \end{pmatrix} = \begin{pmatrix} \cos\theta & -\sin\theta & 0 \\ \sin\theta & \cos\theta & 0 \\ 0 & 0 & 1 \end{pmatrix} \begin{pmatrix} x_1 \\ x_2 \\ 1 \end{pmatrix}$
TRANSLATION	$\begin{pmatrix} y_1 \\ y_2 \end{pmatrix} = \begin{pmatrix} 1 & 0 \\ 0 & 1 \end{pmatrix} \begin{pmatrix} x_1 \\ x_2 \end{pmatrix} + \begin{pmatrix} b_1 \\ b_2 \end{pmatrix}^{*}$	$\begin{pmatrix} y_1 \\ y_2 \\ 1 \end{pmatrix} = \begin{pmatrix} 1 & 0 & b_1 \\ 0 & 1 & b_2 \\ 0 & 0 & 1 \end{pmatrix} \begin{pmatrix} x_1 \\ x_2 \\ 1 \end{pmatrix}$

* CETTE ÉCRITURE CARACTÉRISE BIEN UNE TRANSLATION MAIS NE DÉFINIT PAS UNE APPLICATION LINÉAIRE PUISQU'AUCUNE DES DEUX CONDITIONS QUI DÉFINISSENT UNE APPLICATION LINÉAIRE N'EST SATISFAITE.

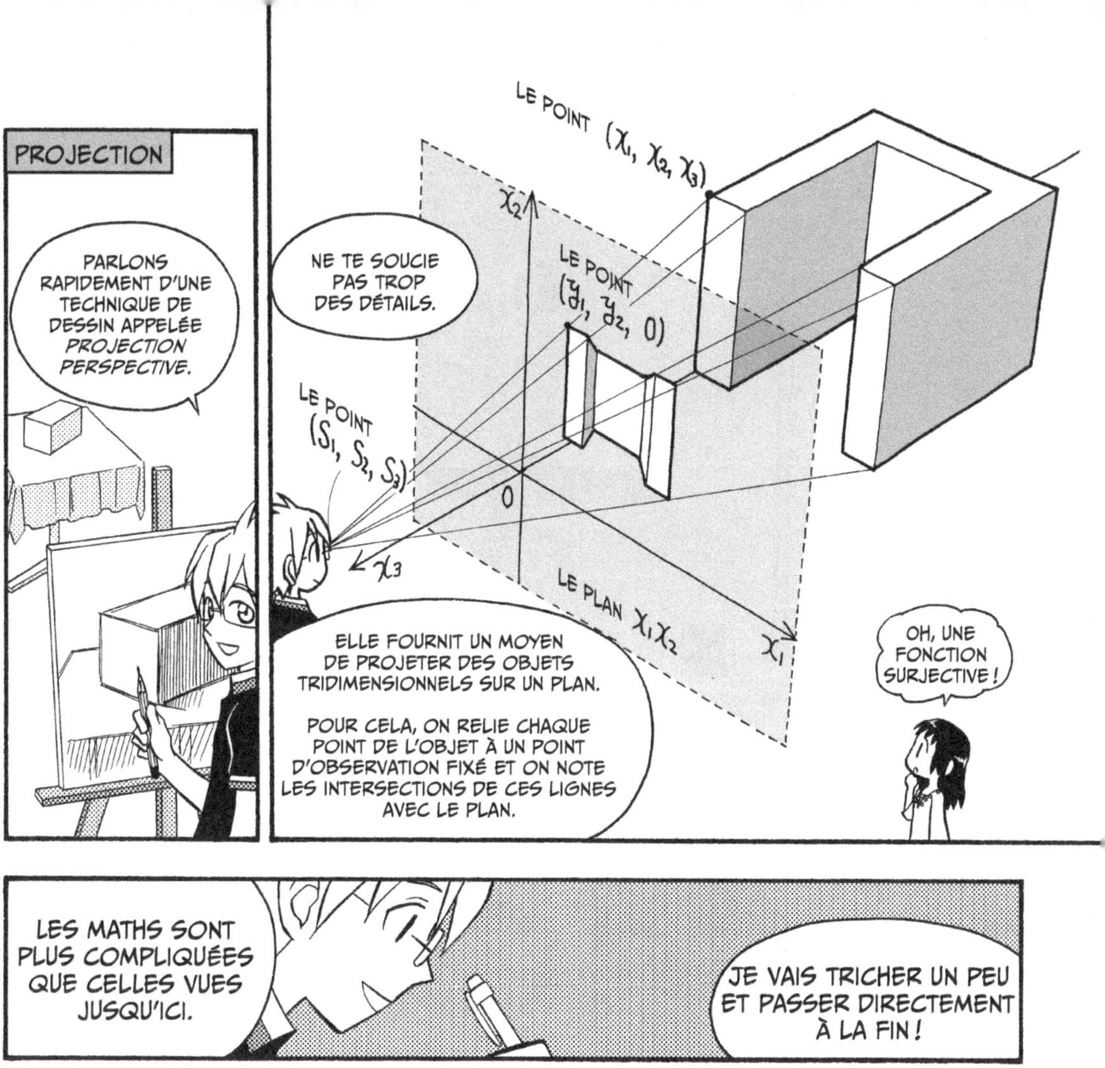

LA PROJECTION PERSPECTIVE CORRESPOND À L'APPLICATION LINÉAIRE DE R^4 DANS R^4 DÉFINIE PAR LA MATRICE SUIVANTE :

$$\frac{1}{x_3 - s_3}\begin{pmatrix} -s_3 & 0 & s_1 & 0 \\ 0 & -s_3 & s_2 & 0 \\ 0 & 0 & 0 & 0 \\ 0 & 0 & 1 & -s_3 \end{pmatrix}$$

C'EST FINI POUR LES EXEMPLES D'APPLICATIONS LINÉAIRES.
IL Y A TANT À APPRENDRE...
OUI... MAIS JE PENSE QUE ÇA SUFFIT POUR AUJOURD'HUI.
NOUS PARLERONS DES VECTEURS PROPRES ET VALEURS PROPRES LORS DE LA PROCHAINE LEÇON.
CE SERA LA DERNIÈRE.
LA DERNIÈRE LEÇON ?
DÉJÀ ?
NE T'INQUIÈTE PAS, NOUS AURONS VU TOUS LES SUJETS IMPORTANTS.
D'AILLEURS POURQUOI M'INQUIÉTER ?
TU ES UN SI BON PROFESSEUR...
RAYONNE
TU NE DEVRAIS PAS T'EN FAIRE NON PLUS, TU SAIS.
HM ?
AU SUJET DU COMBAT.
OH, TU ES AU COURANT ?
OUI, MON FRÈRE M'EN A PARLÉ.
ZZZZZIP
EUH. MERCI. JE VAIS AU GYMNASE, D'AILLEURS. J'ESPÈRE NE PAS PERDRE TROP LARGEMENT...

NE DIS PAS ÇA !
TU DOIS RESTER POSITIF !
TU PEUX LE FAIRE.
M-MERCI...
JE FERAI DE MON MIEUX.

MAIN À LA PÂTE

RELATIONS ET ENSEMBLES REMARQUABLES

APPLICATIONS LINÉAIRES ET MATRICES

Applications linéaires et matrices sont des objets très différents : on a d'un côté des fonctions vérifiant certaines règles, et de l'autre des tableaux de nombres. Pourtant, le lien entre les deux est si fort que bien souvent, on emploie indifféremment l'un ou l'autre. Commençons par voir comment et pourquoi associer une matrice à une application linéaire.

D'UNE APPLICATION LINÉAIRE À SA MATRICE

Dans le plan $\mathbb{R}^2$, considérons la similitude s de rapport $\sqrt{2}$ et d'angle 45° : c'est la composée de la rotation (de centre O) d'angle 45° et de l'homothétie de rapport $\sqrt{2}$. Géométriquement, on voit que

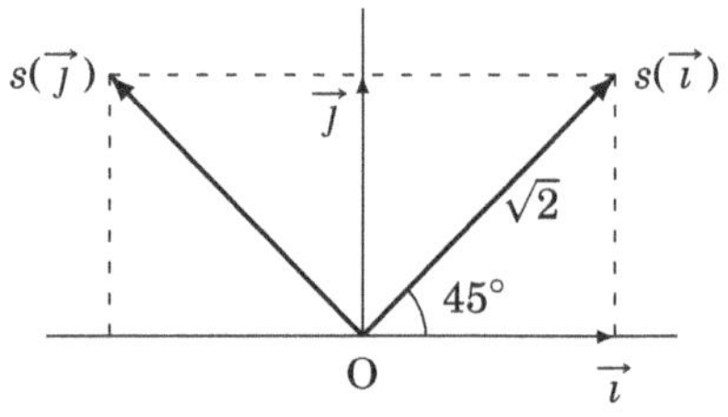

$$\begin{cases} s(\vec{i}) = \vec{i} + \vec{j} \\ s(\vec{j}) = -\vec{i} + \vec{j} \end{cases}$$

Traduisons-le avec des coordonnées :

$$s\left(\begin{pmatrix}1\\0\end{pmatrix}\right) = \begin{pmatrix}1\\1\end{pmatrix} \quad \text{et} \quad s\left(\begin{pmatrix}0\\1\end{pmatrix}\right) = \begin{pmatrix}-1\\1\end{pmatrix}$$

Prenons maintenant un vecteur $\vec{x}$ quelconque du plan. On sait qu'il existe un unique couple $(a,b) \in \mathbb{R}^2$ tel que $\vec{x} = a\vec{i} + b\vec{j}$ car $(\vec{i}, \vec{j})$ est une base de $\mathbb{R}^2$. Pour calculer l'image de $\vec{x}$ par s, on utilise la linéarité de s :

$$s(\vec{x}) = s(a\vec{i} + b\vec{j}) = as(\vec{i}) + bs(\vec{j})$$

soit, avec des coordonnées, $$s\left(\begin{pmatrix}a\\b\end{pmatrix}\right) = a\begin{pmatrix}1\\1\end{pmatrix} + b\begin{pmatrix}-1\\1\end{pmatrix}$$

On constate que les vecteurs $\begin{pmatrix}1\\1\end{pmatrix}$ et $\begin{pmatrix}-1\\1\end{pmatrix}$ caractérisent complètement s : pour calculer l'image par s d'un vecteur quelconque, il suffit de multiplier ses coordonnées par ces vecteurs et d'additionner. Au lieu d'associer s à la liste de ces deux vecteurs, on peut réunir ces derniers dans une matrice M(s) dont ils sont les colonnes :

$$\mathrm{M}(s) = \begin{pmatrix}1 & -1\\1 & 1\end{pmatrix}$$

Il reste à voir comment relier cette matrice au calcul des coordonnées de $s(\vec{x})$. Pour cela, poursuivons le calcul précédent :

$$s\left(\begin{pmatrix} a \\ b \end{pmatrix}\right) = a\begin{pmatrix} 1 \\ 1 \end{pmatrix} + b\begin{pmatrix} -1 \\ 1 \end{pmatrix} = \begin{pmatrix} a \\ a \end{pmatrix} + \begin{pmatrix} -b \\ b \end{pmatrix} = \begin{pmatrix} a-b \\ a+b \end{pmatrix}$$

Remarquons que l'on a aussi :

$$\begin{pmatrix} 1 & -1 \\ 1 & 1 \end{pmatrix}\begin{pmatrix} a \\ b \end{pmatrix} = \begin{pmatrix} a-b \\ a+b \end{pmatrix}$$

d'où
$$s\left(\begin{pmatrix} a \\ b \end{pmatrix}\right) = \begin{pmatrix} 1 & -1 \\ 1 & 1 \end{pmatrix}\begin{pmatrix} a \\ b \end{pmatrix}$$

ou, écrit autrement :
$$s(\vec{x}) = \mathrm{M}(s)\,\vec{x}$$

Calculer $s(\vec{x})$ revient à multiplier $\mathrm{M}(s)$ par $\vec{x}$.

On a ainsi associé à l'application linéaire s une matrice $\mathrm{M}(s)$ qui lui est intimement liée. C'est pratique car pour calculer l'image d'un vecteur par s, les considérations géométriques dans le plan sont remplacées par des calculs simples (multiplications, additions).

Aurait-on pu associer la même application linéaire s à une autre matrice ? Non, une seule matrice correspond à s, du moins tant que l'on travaille dans la même base $(\vec{\imath}, \vec{\jmath})$ de $\mathbb{R}^2$. Et si on utilise une autre base, la matrice associée à $\mathrm{M}(s)$ reste-t-elle la même ?

D'UNE APPLICATION LINÉAIRE À D'AUTRES MATRICES

$\mathbb{R}^2$ admet une infinité de bases, en voici quelques-unes : $\mathscr{B}_0 = (\vec{\imath}, \vec{\jmath})$, $\mathscr{B}_1 = (\vec{\imath}, \vec{\imath}+\vec{\jmath})$, $\mathscr{B}_2 = (\vec{\imath}, \vec{\imath}+2\vec{\jmath})$, $\mathscr{B}_3 = (\vec{\imath}, \vec{\imath}+3\vec{\jmath})$, etc. On a déjà calculé la matrice associée à s dans la première de ces bases, faisons-le maintenant dans la deuxième pour voir ce qui va se passer.

La matrice associée à s est composée de deux colonnes qui sont les images par s des vecteurs de la base $\mathscr{B}_1$. Géométriquement, il est évident que

$$\begin{cases} s(\vec{\imath}) = \vec{\imath} + \vec{\jmath} \\ s(\vec{\imath} + \vec{\jmath}) = 2\vec{\jmath} \end{cases}$$

On aurait aussi pu trouver la deuxième ligne en utilisant les calculs de la page précédente et la linéarité de s : $s(\vec{\imath}+\vec{\jmath}) = s(\vec{\imath}) + s(\vec{\jmath}) = (\vec{\imath}+\vec{\jmath}) + (-\vec{\imath}+\vec{\jmath}) = 2\vec{\jmath}$.

Pour utiliser des coordonnées, il faut exprimer $2\vec{\jmath}$ à l'aide des vecteurs de la base $\mathscr{B}_1$: $2\vec{\jmath} = -2\vec{\imath} + 2(\vec{\imath}+\vec{\jmath})$.

Dans la base $\mathscr{B}_1$, on a donc :

$$s\left(\begin{pmatrix} 1 \\ 0 \end{pmatrix}\right) = \begin{pmatrix} 0 \\ 1 \end{pmatrix} \quad \text{et} \quad s\left(\begin{pmatrix} 0 \\ 1 \end{pmatrix}\right) = \begin{pmatrix} -2 \\ 2 \end{pmatrix}$$

Au lieu de noter $\mathrm{M}(s)$ la matrice associée à s, il est prudent de choisir une notation plus précise, quoique plus lourde :

$$\mathrm{Mat}_{\mathscr{B}_1}(s) = \begin{pmatrix} 0 & -2 \\ 1 & 2 \end{pmatrix}$$

Avec cette notation, dans la base $\mathscr{B}_0$ on avait :

$$\mathrm{Mat}_{\mathscr{B}_0}(s) = \begin{pmatrix} 1 & -1 \\ 1 & 1 \end{pmatrix}$$

On observe qu'en changeant la base de l'espace vectoriel, on change la matrice associée à l'application linéaire.

Inversement, peut-on associer une ou plusieurs applications linéaires à une matrice ?

D'UNE MATRICE À DES APPLICATIONS LINÉAIRES

Une matrice n'est qu'un tableau de nombres. On ne peut l'interpréter comme la matrice d'une application linéaire que dans un contexte particulier, qui doit préciser l'espace vectoriel de départ, celui d'arrivée, et les bases de chaque espace.

Partons par exemple de la matrice $\mathrm{A} = \begin{pmatrix} 1 & -1 \\ 1 & 1 \end{pmatrix}$. Précédemment, elle était associée à une similitude de $\mathbb{R}^2$ dans la base canonique $(\vec{\imath}, \vec{\jmath})$. Considérons cette fois l'espace vectoriel $\mathbb{R}_1[\mathrm{X}]$ des polynômes de degré au plus 1, muni de sa base usuelle $(1, \mathrm{X})$. Dans cette base, le polynôme constant égal à 1 a pour coordonnées $\begin{pmatrix} 1 \\ 0 \end{pmatrix}$ et le polynôme X a pour coordonnées $\begin{pmatrix} 0 \\ 1 \end{pmatrix}$.

Notons u l'application linéaire de $\mathbb{R}_1[\mathrm{X}]$ dans lui-même qui est associée à la matrice A. On sait que $u\left(\begin{pmatrix} 1 \\ 0 \end{pmatrix}\right) = \begin{pmatrix} 1 \\ 1 \end{pmatrix}$ qui est la première colonne de A, et que $u\left(\begin{pmatrix} 0 \\ 1 \end{pmatrix}\right) = \begin{pmatrix} -1 \\ 1 \end{pmatrix}$; écrit autrement, $u(1) = 1 + \mathrm{X}$ et $u(\mathrm{X}) = -1 + \mathrm{X}$. L'application linéaire u est maintenant complètement caractérisée : l'image par u d'un polynôme $a + b\mathrm{X}$ quelconque de $\mathbb{R}_1[\mathrm{X}]$ est

$$u(a + b\mathrm{X}) = au(1) + bu(\mathrm{X}) = a(1 + \mathrm{X}) + b(-1 + \mathrm{X}) = (a - b) + (a + b)\mathrm{X}$$

Ainsi, la même matrice A peut être associée à plusieurs applications linéaires totalement différentes, bien qu'une seule application linéaire puisse lui être associée si les espaces vectoriels de départ et d'arrivée, ainsi que leurs bases, sont fixés.

Regroupons les résultats obtenus :

Applications linéaires et matrices

- Soit u une application linéaire d'un espace vectoriel E dans un espace vectoriel F. Des bases $\mathscr{B}_\mathrm{E}$ et $\mathscr{B}_\mathrm{F}$ de E et F étant fixées, on peut associer à u une et une seule matrice, dont les colonnes sont les images par u, écrites dans la base $\mathscr{B}_\mathrm{F}$, des vecteurs de $\mathscr{B}_\mathrm{E}$.
- Si l'on utilise une autre base pour E ou pour F, la matrice change.
- Si v est aussi une application linéaire de E dans F, elle est identique à u si et seulement si les matrices de u et de v, écrites dans les mêmes bases, sont identiques.
- Une application linéaire totalement différente de u, allant par exemple de E dans un espace vectoriel G, peut avoir la même matrice que u.

RETOUR SUR LES ESPACES VECTORIELS ENGENDRÉS

Dans le plan, identifié à l'espace vectoriel $\mathbb{R}^2$, on sait que tout vecteur peut s'exprimer sous la forme $x\vec{\imath} + y\vec{\jmath}$, ce qui s'appelle une *combinaison linéaire* des vecteurs $\vec{\imath}$ et $\vec{\jmath}$.

$$\mathbb{R}^2 = \{x\vec{\imath} + y\vec{\jmath} \mid x, y \in \mathbb{R}\}$$

On a souvent besoin d'exprimer l'idée qu'un ensemble s'obtient en faisant toutes les combinaisons linéaires possibles d'une poignée de vecteurs. C'est pourquoi il y a une notation dédiée : l'égalité ci-dessus s'écrit aussi

$$\mathbb{R}^2 = \text{Vect}\{\vec{\imath}, \vec{\jmath}\}$$

Les vecteurs entre les accolades n'ont nullement besoin de former une base de l'espace vectoriel, il suffit qu'ils forment une famille génératrice. Bien que ce soit redondant, on peut tout à fait écrire

$$\mathbb{R}^2 = \text{Vect}\{\vec{\imath}, \vec{\jmath}, \vec{\imath} + \vec{\jmath}\}$$

En toute généralité, si $x_1, \ldots, x_n$ appartiennent à un espace vectoriel E, le sous-espace vectoriel qu'ils engendrent (qui peut ou non coïncider avec E) est

$$\text{Vect}\{x_1, \ldots, x_n\} = \{\lambda_1 x_1 + \cdots + \lambda_n x_n \mid \lambda_1, \ldots, \lambda_n \in \mathbb{R}\}$$

Par exemple, dans $\mathbb{R}_7[X]$, $\text{Vect}\{1, X^2, X^5\}$ est l'ensemble des polynômes de la forme $a + bX^2 + cX^5$. C'est un sous-espace vectoriel de $\mathbb{R}_7[X]$.

MATRICES INVERSIBLES ET DÉTERMINANTS

Lorsque l'on étudie une application linéaire, ou sa représentation matricielle, l'une des questions qui revient le plus souvent est : est-elle inversible ? Cette propriété a en effet de nombreuses conséquences pratiques. Par exemple, le système

$$\begin{cases} x + 2y = 5 \\ 3x + 4y = 6 \end{cases}$$

admet une unique solution (x_0, y_0) si et seulement si la matrice $\begin{pmatrix} 1 & 2 \\ 3 & 4 \end{pmatrix}$ est inversible.

Si l'on reprend l'exemple de la similitude s de $\mathbb{R}^2$ de rapport $\sqrt{2}$ et d'angle 45°, il est géométriquement évident que l'on peut « revenir en arrière », c'est-à-dire, pour tout vecteur $\vec{y}$, trouver l'unique vecteur $\vec{x}$ vérifiant $s(\vec{x}) = \vec{y}$. L'application linéaire s est inversible. Remarquons que le déterminant de la matrice associée n'est pas nul :

$$\begin{vmatrix} 1 & -1 \\ 1 & 1 \end{vmatrix} = (1 \times 1) - (1 \times (-1)) = 2 \neq 0$$

Inversement, considérons la projection orthogonale p sur une droite. Une infinité de vecteurs ont le même projeté, donc cette application n'est pas inversible. Regardons rapidement son déterminant. Notons $\vec{\imath}$ un vecteur directeur de la droite et $\vec{\jmath}$ un vecteur orthogonal à $\vec{\imath}$. Dans cette base $(\vec{\imath}, \vec{\jmath})$, on voit que

$$\begin{cases} p(\vec{\imath}) = \vec{\imath} \\ p(\vec{\jmath}) = \vec{0} \end{cases} \quad \text{c'est-à-dire} \quad p\left(\begin{pmatrix} 1 \\ 0 \end{pmatrix}\right) = \begin{pmatrix} 1 \\ 0 \end{pmatrix} \quad \text{et} \quad p\left(\begin{pmatrix} 0 \\ 1 \end{pmatrix}\right) = \begin{pmatrix} 0 \\ 0 \end{pmatrix}$$

La matrice associée à p a pour colonnes les images des vecteurs de la base, c'est $\begin{pmatrix} 1 & 0 \\ 0 & 0 \end{pmatrix}$. Comme cette matrice a une colonne nulle, son déterminant est nul.

Ces exemples illustrent le théorème suivant :

Matrices inversibles et déterminants

Une application linéaire d'un espace vectoriel E dans un espace vectoriel F de même dimension que E est inversible si et seulement si le déterminant de la matrice associée n'est pas nul.

Ce déterminant est toujours soit nul, soit non nul, quelles que soient les bases choisies dans E et F pour écrire la matrice.

NOYAU, IMAGE ET RANG D'UNE APPLICATION LINÉAIRE

Le **noyau** d'une application linéaire u de E dans F est l'ensemble des vecteurs de E dont l'image par u est le vecteur nul de F. On le note Ker u (abrégé de l'anglais *kernel* qui signifie « noyau »). Il contient toujours au moins 0_E.

$$\text{Ker}\, u = \{x \in E \mid u(x) = 0_F\}$$

Par exemple, le noyau de la similitude s de $\mathbb{R}^2$ de rapport $\sqrt{2}$ et d'angle 45° est réduit à $\{\vec{0}\}$ car le vecteur nul est le seul vecteur de $\mathbb{R}^2$ dont l'image par s est $\vec{0}$. Ce noyau est de dimension 0. Par contre, le noyau de la projection orthogonale p sur une droite $\mathscr{D}$ de $\mathbb{R}^2$ est la droite orthogonale à $\mathscr{D}$; ce noyau est de dimension 1.

Le théorème suivant est fort utile :

Inversibilité et noyau

Une application linéaire d'un espace vectoriel E dans un espace vectoriel F de même dimension que E est inversible si et seulement si son noyau est réduit à $\{0_E\}$.

L'**image** d'une application linéaire u de E dans F est l'ensemble des images par u des vecteurs de E :

$$\text{Im}\, u = \{u(x) \mid x \in E\}$$

Par exemple, l'image de la similitude s de $\mathbb{R}^2$ de rapport $\sqrt{2}$ et d'angle 45° est $\mathbb{R}^2$ tout entier ; cette image est de dimension 2. Par contre, l'image de la projection orthogonale p sur une droite de $\mathbb{R}^2$ est réduite à cette droite ; cette image est de dimension 1.

Le noyau de u est un sous-espace vectoriel de E.

L'image de u est un sous-espace vectoriel de F.

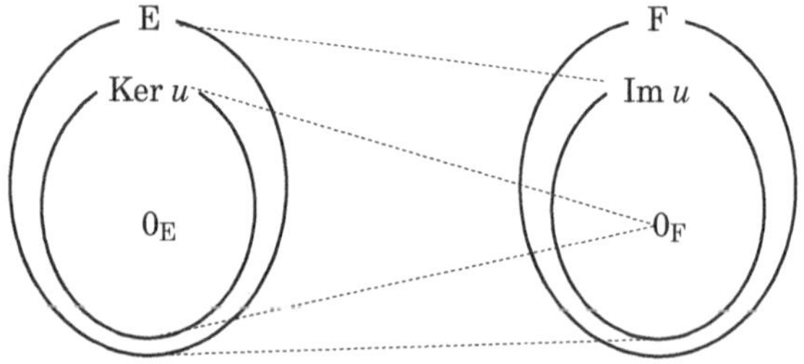

Le **rang** d'une application linéaire u de E dans F est la dimension de son image :

$$\text{rg}\, u = \dim \text{Im}\, u$$

Dit autrement, le rang de u est égal au nombre de vecteurs linéairement indépendants parmi les colonnes de la matrice associée à u.

Le théorème suivant réunit ces notions :

Théorème du rang

Si u est une application linéaire de E dans F, alors

$$\dim \text{Ker}\, u + \dim \text{Im}\, u = \dim \text{E}$$

Attention, cette relation concerne des entiers, pas des ensembles ; par exemple, pour la similitude s et la projection p elle s'écrit respectivement $0 + 2 = 2$ et $1 + 1 = 2$. Prenez garde également que dans ce théorème, E est l'espace vectoriel de départ de u, pas son espace vectoriel d'arrivée, dont la dimension peut être différente.

EXEMPLE 1

Considérons l'application linéaire u de $\mathbb{R}^2$ dans $\mathbb{R}^2$ associée à la matrice $\begin{pmatrix} 3 & 1 \\ 1 & 2 \end{pmatrix}$.

Elle transforme les vecteurs $\begin{pmatrix} 1 \\ 0 \end{pmatrix}$ et $\begin{pmatrix} 0 \\ 1 \end{pmatrix}$ de la base de $\mathbb{R}^2$ en les vecteurs $\begin{pmatrix} 3 \\ 1 \end{pmatrix}$ et $\begin{pmatrix} 1 \\ 2 \end{pmatrix}$ qui sont linéairement indépendants (lorsqu'il n'y a que 2 vecteurs, il suffit de vérifier qu'ils ne sont pas proportionnels). Le rang de u vaut donc 2. L'image de u est incluse dans $\mathbb{R}^2$ et a la même dimension que $\mathbb{R}^2$, donc ces ensembles coïncident :

$$\text{Im}\, u = \mathbb{R}^2$$

D'après le théorème du rang, le noyau de u a pour dimension $\dim \mathbb{R}^2 - \text{rg}\, u = 2 - 2 = 0$. Seul le sous-espace vectoriel réduit au vecteur nul est de dimension nulle, donc

$$\text{Ker}\, u = \{0_{\mathbb{R}^2}\}$$

EXEMPLE 2

Considérons l'application linéaire u de $\mathbb{R}^2$ dans $\mathbb{R}^2$ associée à la matrice $\begin{pmatrix} 3 & 6 \\ 1 & 2 \end{pmatrix}$.

Elle transforme les vecteurs $\begin{pmatrix} 1 \\ 0 \end{pmatrix}$ et $\begin{pmatrix} 0 \\ 1 \end{pmatrix}$ de la base de $\mathbb{R}^2$ en les vecteurs $\begin{pmatrix} 3 \\ 1 \end{pmatrix}$ et $\begin{pmatrix} 6 \\ 2 \end{pmatrix}$. Ces derniers étant proportionnels, le rang de u vaut 1 et l'image de u est l'ensemble des multiples de ces vecteurs, ce qui s'écrit

$$\text{Im}\, u = \text{Vect}\left\{\begin{pmatrix} 3 \\ 1 \end{pmatrix}\right\}$$

D'après le théorème du rang, Ker u est de dimension $\dim \mathbb{R}^2 - \text{rg}\, u = 2 - 1 = 1$; il s'agit d'une droite vectorielle. Il reste à en exhiber un vecteur directeur :

$$\begin{pmatrix} x \\ y \end{pmatrix} \in \text{Ker}\, u \iff \begin{pmatrix} 3 & 6 \\ 1 & 2 \end{pmatrix}\begin{pmatrix} x \\ y \end{pmatrix} = \begin{pmatrix} 0 \\ 0 \end{pmatrix} \iff \begin{cases} 3x + 6y = 0 \\ x + 2y = 0 \end{cases} \iff x + 2y = 0$$

En particulier, en fixant $y = 1$ on voit que $\begin{pmatrix} -2 \\ 1 \end{pmatrix} \in \operatorname{Ker} u$. Comme $\operatorname{Ker} u$ est de dimension 1,

$$\operatorname{Ker} u = \operatorname{Vect}\left\{\begin{pmatrix} -2 \\ 1 \end{pmatrix}\right\}$$

EXEMPLE 3

Considérons l'application linéaire u de $\mathbb{R}^2$ dans $\mathbb{R}^3$ associée à la matrice $\begin{pmatrix} 1 & 0 \\ 0 & 1 \\ 0 & 0 \end{pmatrix}$.

Elle transforme les vecteurs $\begin{pmatrix} 1 \\ 0 \end{pmatrix}$ et $\begin{pmatrix} 0 \\ 1 \end{pmatrix}$ de la base de $\mathbb{R}^2$ en les vecteurs $\begin{pmatrix} 1 \\ 0 \\ 0 \end{pmatrix}$ et $\begin{pmatrix} 0 \\ 1 \\ 0 \end{pmatrix}$. Ces derniers étant à l'évidence linéairement indépendants, le rang de u est 2 et

$$\operatorname{Im} u = \operatorname{Vect}\left\{\begin{pmatrix} 1 \\ 0 \\ 0 \end{pmatrix}, \begin{pmatrix} 0 \\ 1 \\ 0 \end{pmatrix}\right\}$$

Le noyau de u a pour dimension $\dim \mathbb{R}^2 - \operatorname{rg} u = 2 - 2 = 0$ donc

$$\operatorname{Ker} u = \left\{\begin{pmatrix} 0 \\ 0 \end{pmatrix}\right\}$$

En passant, on peut donner une interprétation géométrique de u. D'après les coefficients dans les colonnes de la matrice associée, elle transforme $\vec{\imath}$ en $\vec{\imath}$ et $\vec{\jmath}$ en $\vec{\jmath}$. Autrement dit, elle ne fait rien hormis ajouter aux vecteurs une troisième coordonnée égale à 0.

EXEMPLE 4

Considérons l'application linéaire u de $\mathbb{R}^4$ dans $\mathbb{R}^2$ associée à la matrice $\begin{pmatrix} 1 & 0 & 3 & 1 \\ 0 & 1 & 1 & 2 \end{pmatrix}$.

Elle transforme les vecteurs $\begin{pmatrix} 1 \\ 0 \\ 0 \\ 0 \end{pmatrix}$, $\begin{pmatrix} 0 \\ 1 \\ 0 \\ 0 \end{pmatrix}$, $\begin{pmatrix} 0 \\ 0 \\ 1 \\ 0 \end{pmatrix}$ et $\begin{pmatrix} 0 \\ 0 \\ 0 \\ 1 \end{pmatrix}$ de la base de $\mathbb{R}^4$ en les vecteurs $\begin{pmatrix} 1 \\ 0 \end{pmatrix}$, $\begin{pmatrix} 0 \\ 1 \end{pmatrix}$, $\begin{pmatrix} 3 \\ 1 \end{pmatrix}$ et $\begin{pmatrix} 1 \\ 2 \end{pmatrix}$ respectivement. Puisque l'espace vectoriel d'arrivée de u est $\mathbb{R}^2$, l'image de u est de dimension au plus 2. Comme les vecteurs $\begin{pmatrix} 1 \\ 0 \end{pmatrix}$ et $\begin{pmatrix} 0 \\ 1 \end{pmatrix}$ sont linéairement indépendants, l'image de u est de dimension au moins 2. Elle est donc de dimension exactement 2, et elle coïncide avec l'espace d'arrivée :

$$\operatorname{Im} u = \mathbb{R}^2$$

D'après le théorème du rang, le noyau de u est de dimension $\dim \mathbb{R}^4 - \operatorname{rg} u = 4 - 2 = 2$. Pour caractériser $\operatorname{Ker} u$, il suffit donc d'exhiber deux vecteurs linéairement indépendants dont l'image par u est $\begin{pmatrix} 0 \\ 0 \end{pmatrix}$.

$$\begin{pmatrix} x \\ y \\ z \\ t \end{pmatrix} \in \operatorname{Ker} u \iff \begin{pmatrix} 1 & 0 & 3 & 1 \\ 0 & 1 & 1 & 2 \end{pmatrix} \begin{pmatrix} x \\ y \\ z \\ t \end{pmatrix} = \begin{pmatrix} 0 \\ 0 \end{pmatrix} \iff \begin{cases} x + 3z + t = 0 \\ y + z + 2t = 0 \end{cases}$$

Pour déduire de ce système un quadruplet (x, y, z, t) qui le satisfait, on peut imposer la valeur de deux variables – il est prudent de le faire successivement.

Imposons par exemple $z = 0$. On obtient alors $x = -t$ et $y = -2t$. En imposant $t = 1$, on obtient la solution $(-1, -2, 0, 1)$.

Imposons maintenant $t = 0$. On obtient $x = -3z$ et $y = -z$. En imposant $z = 1$, on obtient la solution $(-3, -1, 1, 0)$.

$$\operatorname{Ker} u = \operatorname{Vect} \left\{ \begin{pmatrix} -1 \\ -2 \\ 0 \\ 1 \end{pmatrix}, \begin{pmatrix} -3 \\ -1 \\ 1 \\ 0 \end{pmatrix} \right\}$$

EXEMPLE 5

Considérons l'application linéaire u de $\mathbb{R}^3$, muni de la base $(\vec{i}, \vec{j}, \vec{k})$, dans $\mathbb{R}_2[X]$, muni de la base $(1, X, X^2)$, associée à la matrice $\begin{pmatrix} 2 & 1 & -1 \\ 1 & 3 & 2 \\ -1 & 0 & 1 \end{pmatrix}$.

Elle transforme les vecteurs $\begin{pmatrix} 1 \\ 0 \\ 0 \end{pmatrix}$, $\begin{pmatrix} 0 \\ 1 \\ 0 \end{pmatrix}$ et $\begin{pmatrix} 0 \\ 0 \\ 1 \end{pmatrix}$ de la base de $\mathbb{R}^3$ en les polynômes de $\mathbb{R}_2[X]$ dont les coordonnées dans la base $(1, X, X^2)$ sont respectivement $\begin{pmatrix} 2 \\ 1 \\ -1 \end{pmatrix}$, $\begin{pmatrix} 1 \\ 3 \\ 0 \end{pmatrix}$ et $\begin{pmatrix} -1 \\ 2 \\ 1 \end{pmatrix}$, c'est-à-dire les polynômes $2 + X - X^2$, $1 + 3X$ et $-1 + 2X + X^2$. Calculons le déterminant de la matrice avec la règle de Sarrus :

$$\begin{vmatrix} 2 & 1 & -1 \\ 1 & 3 & 2 \\ -1 & 0 & 1 \end{vmatrix} = 6 + (-2) + 0 - 3 - 0 - 1 = 0$$

Puisque le déterminant est nul, l'application linéaire u n'est pas inversible, donc son noyau est de dimension au moins 1.

Comme les deux premières colonnes de la matrice ne sont pas proportionnelles, le rang de u est au moins 2.

Regroupons les informations obtenues :

$$\dim \operatorname{Ker} u \geqslant 1, \quad \dim \operatorname{Im} u \geqslant 2 \quad \text{et} \quad \dim \operatorname{Ker} u + \dim \operatorname{Im} u = 3$$

La seule possibilité est $\dim \operatorname{Ker} u = 1$ et $\dim \operatorname{Im} u = 2$. Par suite,

$$\operatorname{Im} u = \operatorname{Vect} \{2 + X - X^2, 1 + 3X\}$$

Comme le noyau de u est de dimension 1, il suffit d'exhiber l'un de ses vecteurs non nuls :

$$\begin{pmatrix} x \\ y \\ z \end{pmatrix} \in \operatorname{Ker} u \quad \Longleftrightarrow \quad \begin{pmatrix} 2 & 1 & -1 \\ 1 & 3 & 2 \\ -1 & 0 & 1 \end{pmatrix} \begin{pmatrix} x \\ y \\ z \end{pmatrix} = \begin{pmatrix} 0 \\ 0 \\ 0 \end{pmatrix} \quad \Longleftrightarrow \quad \begin{cases} 2x + y - z = 0 \\ x + 3y + 2z = 0 \\ -x + z = 0 \end{cases}$$

La troisième ligne du système fournit $x = z$, la deuxième donne alors $y = -z$, et dans ces conditions la première ligne devient $x = -y$. En fixant $z = 1$, on voit que le triplet $(1, -1, 1)$ est solution du système. Par suite,

$$\operatorname{Ker} u = \operatorname{Vect}\left\{ \vec{\imath} - \vec{\jmath} + \vec{k} \right\}$$

8

VALEURS PROPRES ET VECTEURS PROPRES

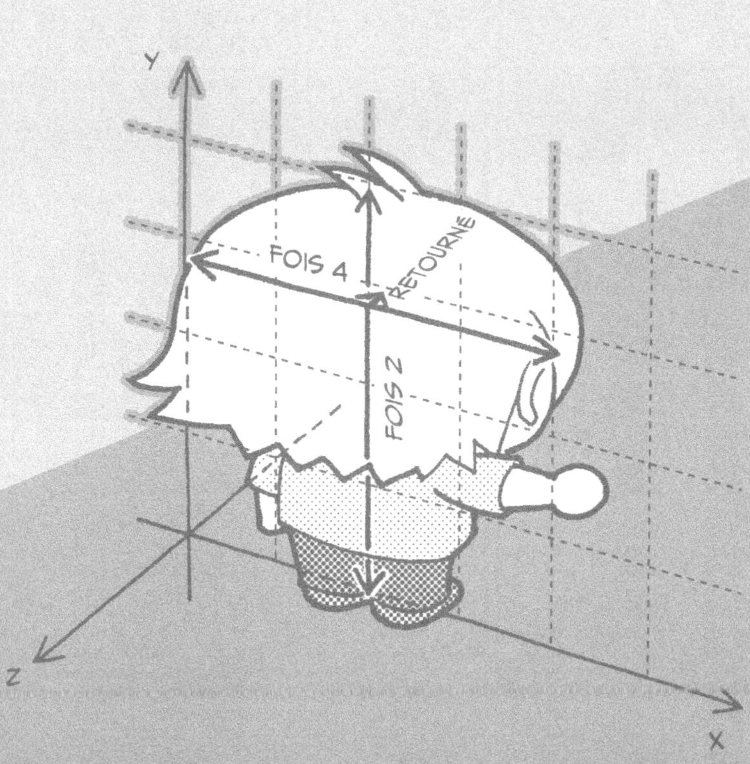

* PRÉPARÉZ-VOUS !

* COMMENCEZ !

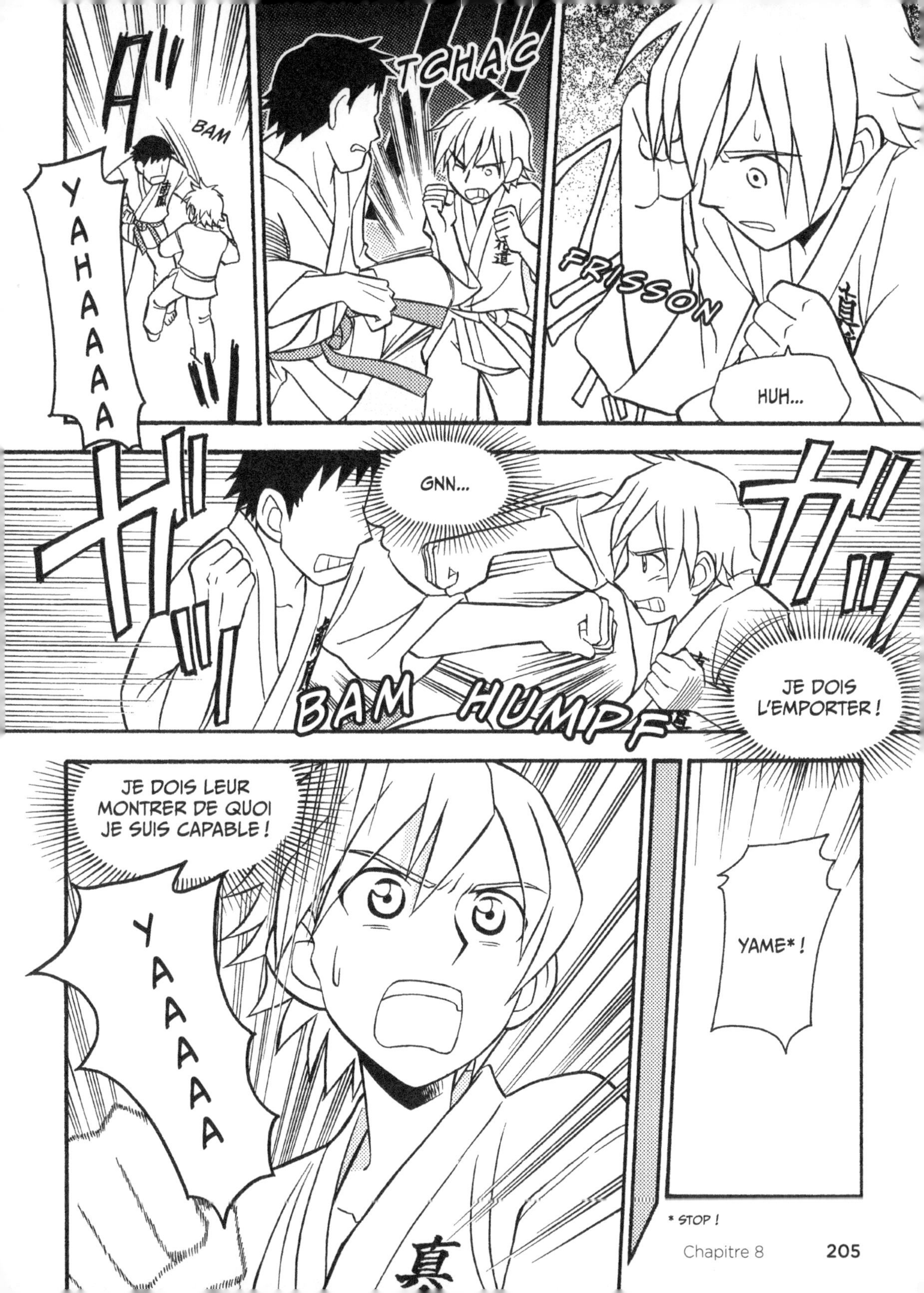
FRISSON
HUH...
TCHAC
BAM
YAHAAAAAA
GNN...
JE DOIS L'EMPORTER !
BAM HUMPF
YAME* !
JE DOIS LEUR MONTRER DE QUOI JE SUIS CAPABLE !
YAAAAAA

* STOP !

UNIVERSITÉ NANHOU !
MERCI... BEAUCOUP...
ZUT...
BON COMBAT.

DÉSOLÉE POUR LE COMBAT...
OUAIS...
MON FRÈRE A DIT QUE TU T'ÉTAIS QUAND MÊME BIEN BATTU.
VRAIMENT ?
NE T'EN FAIS PAS.
TU FERAS MIEUX LA PROCHAINE FOIS.
J'EN SUIS SÛRE !
PARDON ! TU AS TOUT À FAIT RAISON !
PLEURNICHER NE MÈNE À RIEN.

BREF... AUJOURD'HUI, C'EST NOTRE DERNIÈRE LEÇON.
ET JE PENSAIS ABORDER LES VALEURS PROPRES ET LES VECTEURS PROPRES.
OK, TOUT ME VA ! JE SUIS PRÊTE !
L'ÉTUDE DES VALEURS PROPRES ET DES VECTEURS PROPRES SE RÉVÈLE TRÈS UTILE EN PHYSIQUE ET EN STATISTIQUES PAR EXEMPLE.
BASES
FONDAMENTAUX
MILIEU
MATRICES
VECTEURS
APPLICATIONS LINÉAIRES
VALEURS PROPRES ET VECTEURS PROPRES
CELA SIMPLIFIE AUSSI GRANDEMENT CE TYPE DE PROBLÈME.
$\begin{pmatrix} a_{11} & a_{12} & \cdots & a_{1n} \\ a_{21} & a_{22} & \cdots & a_{2n} \\ \vdots & \vdots & \ddots & \vdots \\ a_{n1} & a_{n2} & \cdots & a_{nn} \end{pmatrix}^p$
ÉLEVER UNE MATRICE $n \times n$ À LA PUISSANCE p.
LE SUJET EST ABSTRAIT MAIS JE VAIS ESSAYER DE LE RENDRE AUSSI CONCRET QUE POSSIBLE.
C'EST GENTIL !

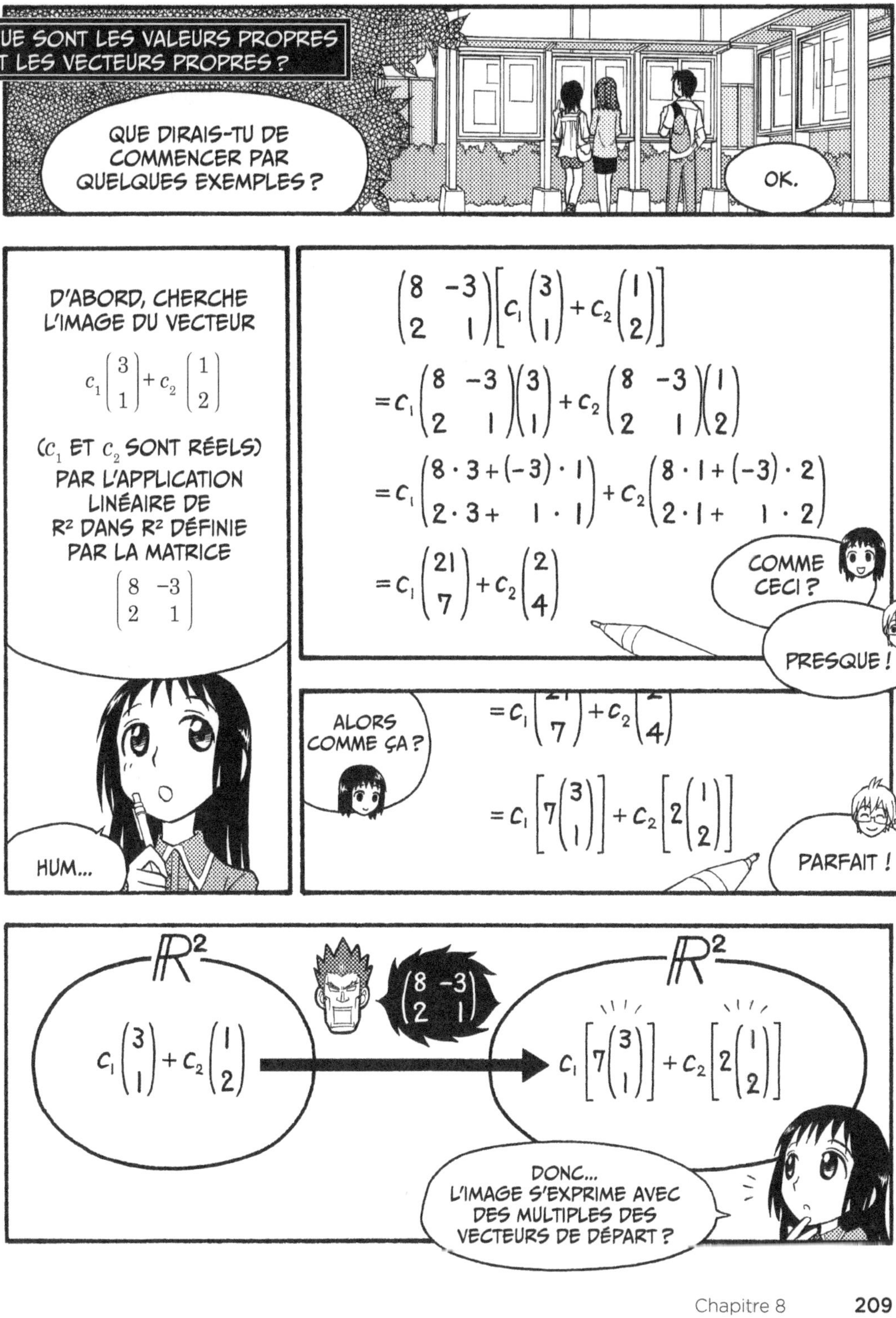
QUE SONT LES VALEURS PROPRES ET LES VECTEURS PROPRES ?
QUE DIRAIS-TU DE COMMENCER PAR QUELQUES EXEMPLES ?
OK.
D'ABORD, CHERCHE L'IMAGE DU VECTEUR $c_1\begin{pmatrix}3\\1\end{pmatrix}+c_2\begin{pmatrix}1\\2\end{pmatrix}$ (c_1 ET c_2 SONT RÉELS) PAR L'APPLICATION LINÉAIRE DE R^2 DANS R^2 DÉFINIE PAR LA MATRICE $\begin{pmatrix}8&-3\\2&1\end{pmatrix}$
HUM...
$\begin{pmatrix}8&-3\\2&1\end{pmatrix}\left[c_1\begin{pmatrix}3\\1\end{pmatrix}+c_2\begin{pmatrix}1\\2\end{pmatrix}\right]$
$=c_1\begin{pmatrix}8&-3\\2&1\end{pmatrix}\begin{pmatrix}3\\1\end{pmatrix}+c_2\begin{pmatrix}8&-3\\2&1\end{pmatrix}\begin{pmatrix}1\\2\end{pmatrix}$
$=c_1\begin{pmatrix}8\cdot3+(-3)\cdot1\\2\cdot3+1\cdot1\end{pmatrix}+c_2\begin{pmatrix}8\cdot1+(-3)\cdot2\\2\cdot1+1\cdot2\end{pmatrix}$
$=c_1\begin{pmatrix}21\\7\end{pmatrix}+c_2\begin{pmatrix}2\\4\end{pmatrix}$
COMME CECI ?
PRESQUE !
ALORS COMME ÇA ?
$=c_1\begin{pmatrix}21\\7\end{pmatrix}+c_2\begin{pmatrix}2\\4\end{pmatrix}$
$=c_1\left[7\begin{pmatrix}3\\1\end{pmatrix}\right]+c_2\left[2\begin{pmatrix}1\\2\end{pmatrix}\right]$
PARFAIT !
R^2
$c_1\begin{pmatrix}3\\1\end{pmatrix}+c_2\begin{pmatrix}1\\2\end{pmatrix}$
$\begin{pmatrix}8&-3\\2&1\end{pmatrix}$
R^2
$c_1\left[7\begin{pmatrix}3\\1\end{pmatrix}\right]+c_2\left[2\begin{pmatrix}1\\2\end{pmatrix}\right]$
DONC... L'IMAGE S'EXPRIME AVEC DES MULTIPLES DES VECTEURS DE DÉPART ?

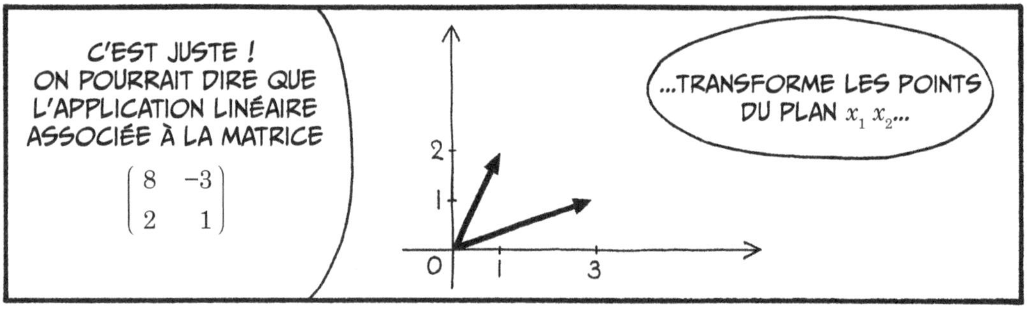
C'EST JUSTE !
ON POURRAIT DIRE QUE
L'APPLICATION LINÉAIRE
ASSOCIÉE À LA MATRICE
$\begin{pmatrix} 8 & -3 \\ 2 & 1 \end{pmatrix}$
...TRANSFORME LES POINTS
DU PLAN x_1 x_2...
2
1
0
1
3

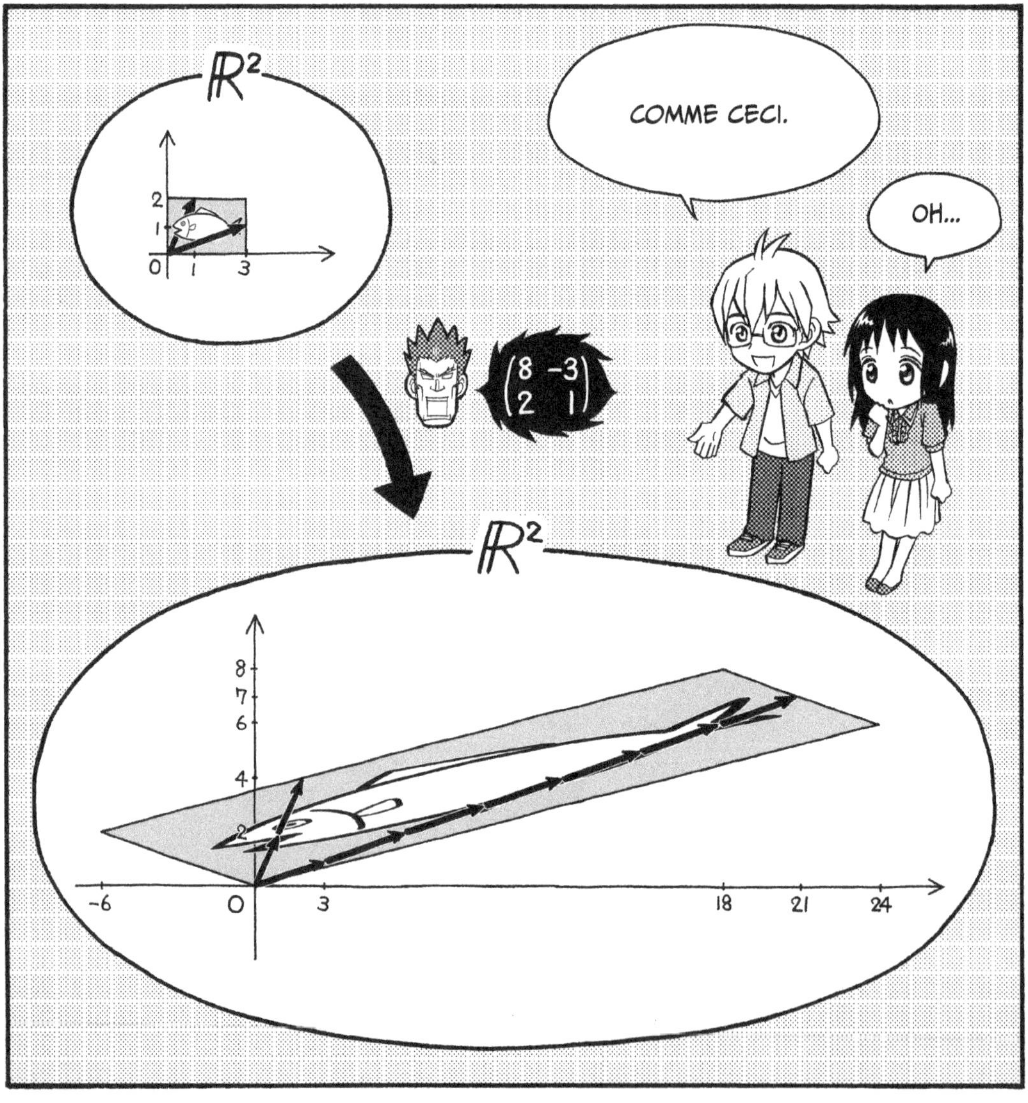
$\mathbb{R}^2$
COMME CECI.
OH...
$\begin{pmatrix} 8 & -3 \\ 2 & 1 \end{pmatrix}$
$\mathbb{R}^2$
8
7
6
4
2
-6
0
3
18
21
24

PASSONS À UN DEUXIÈME EXEMPLE.
CHERCHE L'IMAGE DE $c_1\begin{pmatrix}1\\0\\0\end{pmatrix}+c_2\begin{pmatrix}0\\1\\0\end{pmatrix}+c_3\begin{pmatrix}0\\0\\1\end{pmatrix}$
(c_1, c_2 ET c_3 RÉELS) PAR L'APPLICATION LINÉAIRE DE $\mathbb{R}^3$ DANS $\mathbb{R}^3$ DÉFINIE PAR LA MATRICE $\begin{pmatrix}4&0&0\\0&2&0\\0&0&-1\end{pmatrix}$
HUM
$\begin{pmatrix}4&0&0\\0&2&0\\0&0&-1\end{pmatrix}\left[c_1\begin{pmatrix}1\\0\\0\end{pmatrix}+c_2\begin{pmatrix}0\\1\\0\end{pmatrix}+c_3\begin{pmatrix}0\\0\\1\end{pmatrix}\right]$
$=c_1\begin{pmatrix}4&0&0\\0&2&0\\0&0&-1\end{pmatrix}\begin{pmatrix}1\\0\\0\end{pmatrix}+c_2\begin{pmatrix}4&0&0\\0&2&0\\0&0&-1\end{pmatrix}\begin{pmatrix}0\\1\\0\end{pmatrix}+c_3\begin{pmatrix}4&0&0\\0&2&0\\0&0&-1\end{pmatrix}\begin{pmatrix}0\\0\\1\end{pmatrix}$
$=c_1\begin{pmatrix}4\\0\\0\end{pmatrix}+c_2\begin{pmatrix}0\\2\\0\end{pmatrix}+c_3\begin{pmatrix}0\\0\\-1\end{pmatrix}$
$=c_1\left[4\begin{pmatrix}1\\0\\0\end{pmatrix}\right]+c_2\left[2\begin{pmatrix}0\\1\\0\end{pmatrix}\right]+c_3\left[-\begin{pmatrix}0\\0\\1\end{pmatrix}\right]$
COMME ÇA ?
EXACTEMENT.
$\mathbb{R}^3$
$c_1\begin{pmatrix}1\\0\\0\end{pmatrix}+c_2\begin{pmatrix}0\\1\\0\end{pmatrix}+c_3\begin{pmatrix}0\\0\\1\end{pmatrix}$
$\begin{pmatrix}4&0&0\\0&2&0\\0&0&-1\end{pmatrix}$
$\mathbb{R}^3$
$c_1\left[4\begin{pmatrix}1\\0\\0\end{pmatrix}\right]+c_2\left[2\begin{pmatrix}0\\1\\0\end{pmatrix}\right]+c_3\left[-\begin{pmatrix}0\\0\\1\end{pmatrix}\right]$
CETTE SOLUTION AUSSI S'EXPRIME AVEC DES MULTIPLES...

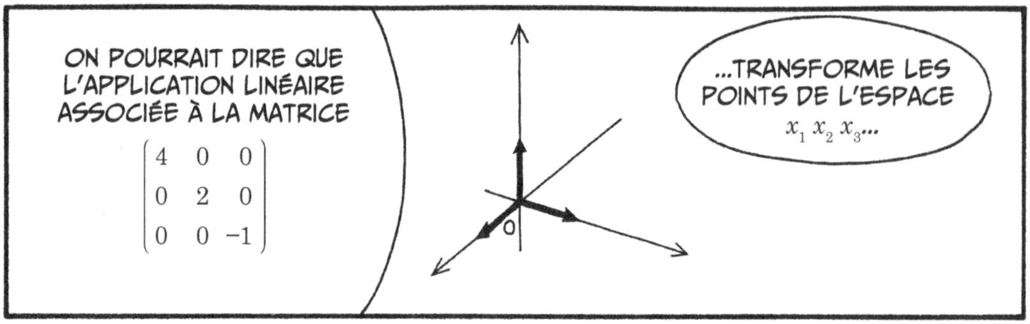
ON POURRAIT DIRE QUE L'APPLICATION LINÉAIRE ASSOCIÉE À LA MATRICE
$\begin{pmatrix} 4 & 0 & 0 \\ 0 & 2 & 0 \\ 0 & 0 & -1 \end{pmatrix}$
0
...TRANSFORME LES POINTS DE L'ESPACE
$x_1\ x_2\ x_3$...

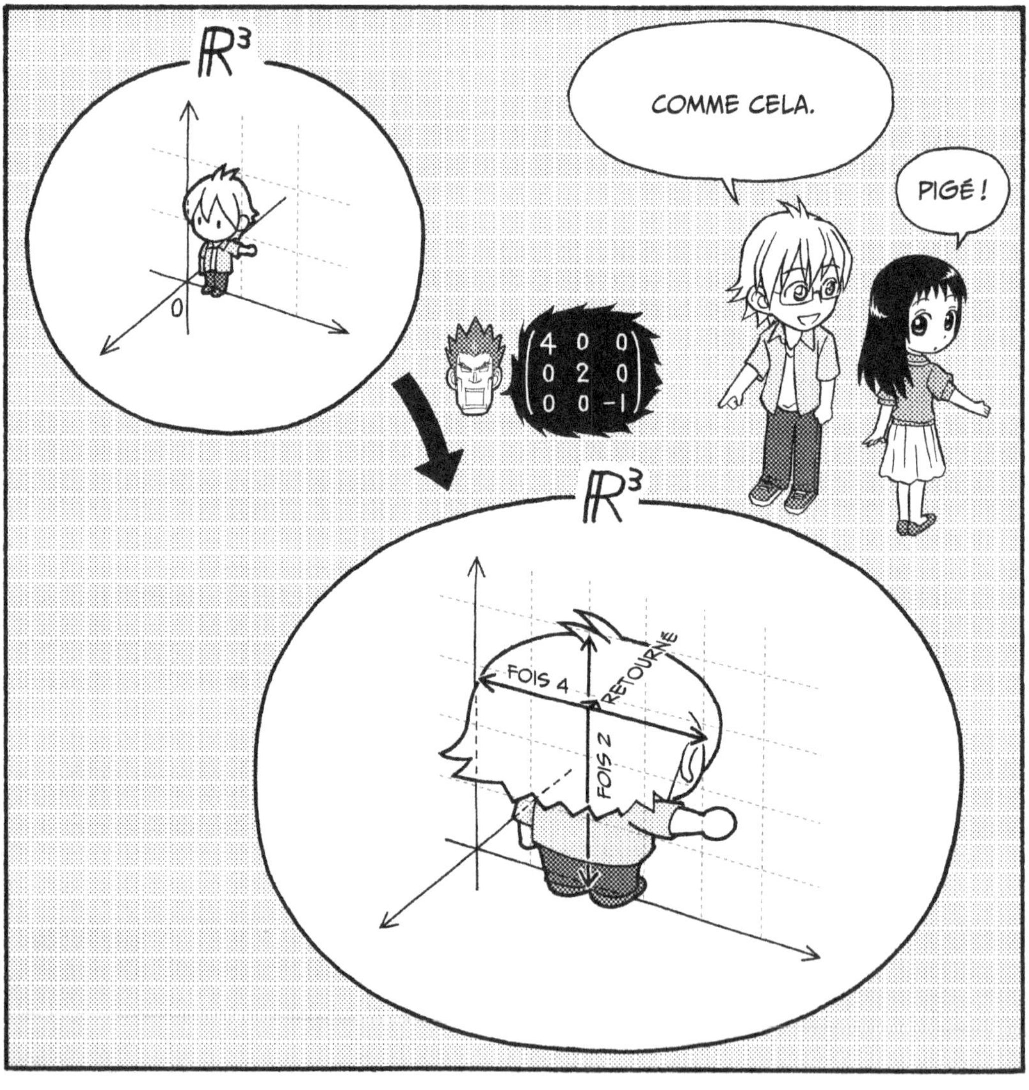
$\mathbb{R}^3$
0
COMME CELA.
PIGÉ !
$\begin{pmatrix} 4 & 0 & 0 \\ 0 & 2 & 0 \\ 0 & 0 & -1 \end{pmatrix}$
$\mathbb{R}^3$
FOIS 4
RETOURNÉ
FOIS 2

VALEURS PROPRES ET VECTEURS PROPRES

Si l'image d'un vecteur $\begin{pmatrix} x_1 \\ x_2 \\ \vdots \\ x_n \end{pmatrix}$ non nul par l'application linéaire de R^n dans R^n associée à la matrice $\begin{pmatrix} a_{11} & a_{12} & \cdots & a_{1n} \\ a_{21} & a_{22} & \cdots & a_{2n} \\ \vdots & \vdots & \ddots & \vdots \\ a_{n1} & a_{n2} & \cdots & a_{nn} \end{pmatrix}$ est égale à $\lambda \begin{pmatrix} x_1 \\ x_2 \\ \vdots \\ x_n \end{pmatrix}$, alors λ est une *valeur propre* de cette matrice et $\begin{pmatrix} x_1 \\ x_2 \\ \vdots \\ x_n \end{pmatrix}$ en est un *vecteur propre* associé à la valeur propre λ.

Tous ses multiples non nuls sont également des vecteurs propres associés à λ.

Le vecteur nul n'est jamais un vecteur propre.

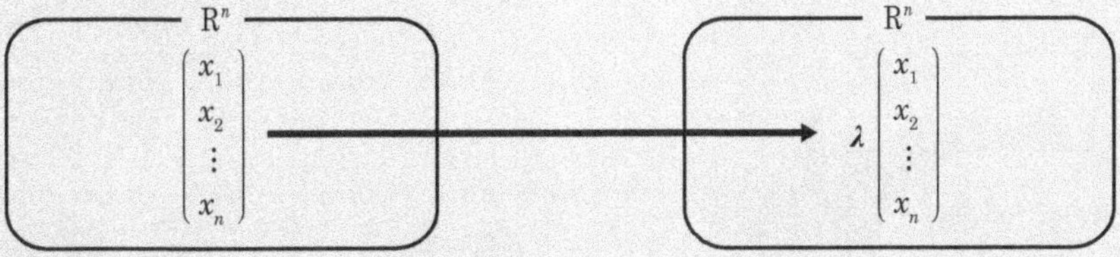

MATRICE	$\begin{pmatrix} 8 & -3 \\ 2 & 1 \end{pmatrix}$	$\begin{pmatrix} 4 & 0 & 0 \\ 0 & 2 & 0 \\ 0 & 0 & -1 \end{pmatrix}$
VAL. PROPRES	$\lambda = 7, 2$	$\lambda = 4, 2, -1$
VECTEURS PROPRES	VECTEUR PROPRE ASSOCIÉ À $\lambda = 7$ $\begin{pmatrix} 3 \\ 1 \end{pmatrix}$ VECTEUR PROPRE ASSOCIÉ À $\lambda = 2$ $\begin{pmatrix} 1 \\ 2 \end{pmatrix}$	VECTEUR PROPRE ASSOCIÉ À $\lambda = 4$ $\begin{pmatrix} 1 \\ 0 \\ 0 \end{pmatrix}$ VECTEUR PROPRE ASSOCIÉ À $\lambda = 2$ $\begin{pmatrix} 0 \\ 1 \\ 0 \end{pmatrix}$ VECTEUR PROPRE ASSOCIÉ À $\lambda = -1$ $\begin{pmatrix} 0 \\ 0 \\ 1 \end{pmatrix}$

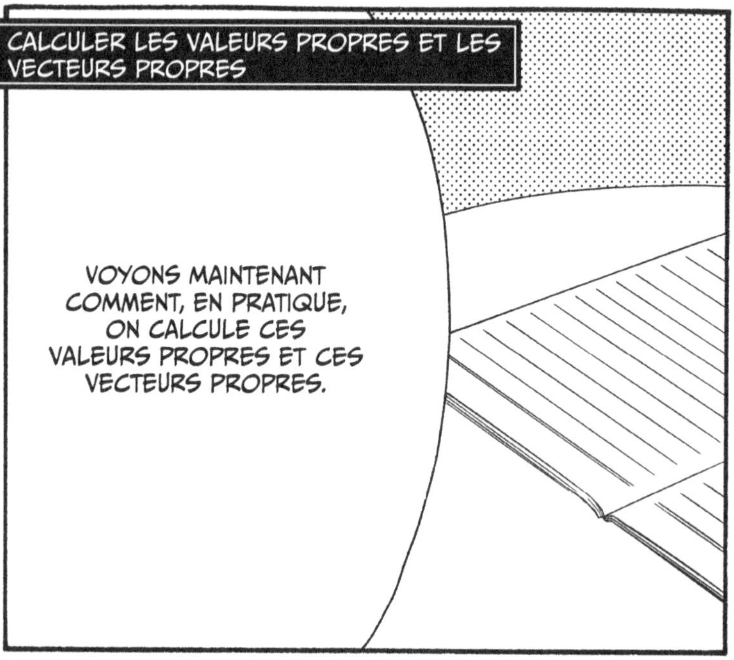

LA FORMULE* QUI FOURNIT LES VALEURS PROPRES

Le réel λ est une valeur propre de la matrice $\begin{pmatrix} a_{11} & a_{12} & \cdots & a_{1n} \\ a_{21} & a_{22} & \cdots & a_{2n} \\ \vdots & \vdots & \ddots & \vdots \\ a_{n1} & a_{n2} & \cdots & a_{nn} \end{pmatrix}$ si et seulement si

$$\det \begin{pmatrix} a_{11}-\lambda & a_{12} & \cdots & a_{1n} \\ a_{21} & a_{22}-\lambda & \cdots & a_{2n} \\ \vdots & \vdots & \ddots & \vdots \\ a_{n1} & a_{n2} & \cdots & a_{nn}-\lambda \end{pmatrix} = 0$$

* La convention française actuelle est de calculer $\det(\lambda I_n - M)$ plutôt que $\det(M - \lambda I_n)$.

CE DÉTERMINANT SE DÉVELOPPE EN UN POLYNÔME APPELÉ POLYNÔME CARACTÉRISTIQUE DE LA MATRICE.
SES RACINES SONT LES VALEURS PROPRES DE LA MATRICE.
$\det\begin{pmatrix} a_{11}-\lambda & a_{12} & \cdots & a_{1n} \\ a_{21} & a_{22}-\lambda & \cdots & a_{2n} \\ \vdots & \vdots & \ddots & \vdots \\ a_{n1} & a_{n2} & \cdots & a_{nn}-\lambda \end{pmatrix} = 0$
C'EST PLUTÔT COOL.
VAS-Y, LANCE-TOI.
OK...
$\det\begin{pmatrix} 8-\lambda & -3 \\ 2 & 1-\lambda \end{pmatrix} = (8-\lambda)\cdot(1-\lambda)-(-3)\cdot 2$
$= (\lambda-8)\cdot(\lambda-1)-(-3)\cdot 2$
$= \lambda^2-9\lambda+8+6$
$= \lambda^2-9\lambda+14$
$= (\lambda-7)(\lambda-2) = 0$
$\lambda = 7, 2$
DONC...
LES VALEURS PROPRES SONT 7 ET 2 ?
ET VOILÀ !

TROUVER LES VECTEURS PROPRES EST FACILE AUSSI. IL SUFFIT D'INJECTER LES VALEURS PROPRES DANS L'ÉGALITÉ $\begin{pmatrix} a & b \\ c & d \end{pmatrix}\begin{pmatrix} x_1 \\ x_2 \end{pmatrix} = \lambda \begin{pmatrix} x_1 \\ x_2 \end{pmatrix}$ SOIT $\begin{pmatrix} a-\lambda & b \\ c & d-\lambda \end{pmatrix}\begin{pmatrix} x_1 \\ x_2 \end{pmatrix} = \begin{pmatrix} 0 \\ 0 \end{pmatrix}$.

PAR EXEMPLE : $\begin{pmatrix} 8-\lambda & -3 \\ 2 & 1-\lambda \end{pmatrix}\begin{pmatrix} x_1 \\ x_2 \end{pmatrix} = \begin{pmatrix} 0 \\ 0 \end{pmatrix}$

EXEMPLE 1

Trouver les vecteurs propres de la matrice $\begin{pmatrix} 8 & -3 \\ 2 & 1 \end{pmatrix}$ associés à la valeur propre $\lambda = 7$.

Utilisons la formule :

$$\begin{pmatrix} 8-7 & -3 \\ 2 & 1-7 \end{pmatrix}\begin{pmatrix} x_1 \\ x_2 \end{pmatrix} = \begin{pmatrix} 1 & -3 \\ 2 & -6 \end{pmatrix}\begin{pmatrix} x_1 \\ x_2 \end{pmatrix} = \begin{pmatrix} x_1 - 3x_2 \\ 2x_1 - 6x_2 \end{pmatrix} = [x_1 - 3x_2]\begin{pmatrix} 1 \\ 2 \end{pmatrix} = \begin{pmatrix} 0 \\ 0 \end{pmatrix}$$

Ceci implique que $x_1 = 3x_2$, donc tous les vecteurs propres associés à 7 sont de la forme

$$\begin{pmatrix} x_1 \\ x_2 \end{pmatrix} = \begin{pmatrix} 3c_1 \\ c_1 \end{pmatrix} = c_1 \begin{pmatrix} 3 \\ 1 \end{pmatrix}$$

où c_1 est réel.

EXEMPLE 2

Trouver les vecteurs propres de la même matrice associés à la valeur propre $\lambda = 2$.

Utilisons la formule :

$$\begin{pmatrix} 8-2 & -3 \\ 2 & 1-2 \end{pmatrix}\begin{pmatrix} x_1 \\ x_2 \end{pmatrix} = \begin{pmatrix} 6 & -3 \\ 2 & -1 \end{pmatrix}\begin{pmatrix} x_1 \\ x_2 \end{pmatrix} = \begin{pmatrix} 6x_1 - 3x_2 \\ 2x_1 - x_2 \end{pmatrix} = [2x_1 - x_2]\begin{pmatrix} 3 \\ 1 \end{pmatrix} = \begin{pmatrix} 0 \\ 0 \end{pmatrix}$$

Ceci implique que $x_2 = 2x_1$, donc tous les vecteurs propres associés à 2 sont de la forme

$$\begin{pmatrix} x_1 \\ x_2 \end{pmatrix} = \begin{pmatrix} c_2 \\ 2c_2 \end{pmatrix} = c_2 \begin{pmatrix} 1 \\ 2 \end{pmatrix}$$

où c_2 est réel.

ÉLEVER UNE MATRICE $n \times n$ À LA PUISSANCE p

ON PEUT MAINTENANT S'ATTAQUER AU VRAI PROBLÈME DU JOUR !

COMMENT ÉLEVER UNE MATRICE $n \times n$ À LA PUISSANCE p ?

$$\begin{pmatrix} a_{11} & a_{12} & \cdots & a_{1n} \\ a_{21} & a_{22} & \cdots & a_{2n} \\ \vdots & \vdots & \ddots & \vdots \\ a_{n1} & a_{n2} & \cdots & a_{nn} \end{pmatrix}^p$$

$$\begin{pmatrix} 8 & -3 \\ 2 & 1 \end{pmatrix}\begin{pmatrix} x_1 \\ x_2 \end{pmatrix} = \lambda \begin{pmatrix} x_1 \\ x_2 \end{pmatrix}$$

$$\begin{pmatrix} 8 & -3 \\ 2 & 1 \end{pmatrix}\begin{pmatrix} 3 \\ 1 \end{pmatrix} = 7\begin{pmatrix} 3 \\ 1 \end{pmatrix} = \begin{pmatrix} 3 \cdot 7 \\ 1 \cdot 7 \end{pmatrix} \qquad \begin{pmatrix} 8 & -3 \\ 2 & 1 \end{pmatrix}\begin{pmatrix} 1 \\ 2 \end{pmatrix} = 2\begin{pmatrix} 1 \\ 2 \end{pmatrix} = \begin{pmatrix} 1 \cdot 2 \\ 2 \cdot 2 \end{pmatrix}$$

PAR SOUCI DE SIMPLICITÉ, CHOISISSONS $c_1 = c_2 = 1$.

$$\begin{pmatrix} 8 & -3 \\ 2 & 1 \end{pmatrix}\begin{pmatrix} 3 & 1 \\ 1 & 2 \end{pmatrix} = \begin{pmatrix} 3 \cdot 7 & 1 \cdot 2 \\ 1 \cdot 7 & 2 \cdot 2 \end{pmatrix}$$

D'APRÈS LES DEUX CALCULS CI-DESSUS.

$$= \begin{pmatrix} 3 & 1 \\ 1 & 2 \end{pmatrix}\begin{pmatrix} 7 & 0 \\ 0 & 2 \end{pmatrix}$$

MULTIPLIONS À DROITE PAR $\begin{pmatrix} 3 & 1 \\ 1 & 2 \end{pmatrix}^{-1}$ LES DEUX MEMBRES DE L'ÉGALITÉ. VOIR LA PAGE 93 POUR COMPRENDRE POURQUOI $\begin{pmatrix} 3 & 1 \\ 1 & 2 \end{pmatrix}^{-1}$ EXISTE.

$$\begin{pmatrix} 8 & -3 \\ 2 & 1 \end{pmatrix}\begin{pmatrix} 3 & 1 \\ 1 & 2 \end{pmatrix}\begin{pmatrix} 3 & 1 \\ 1 & 2 \end{pmatrix}^{-1} = \begin{pmatrix} 3 & 1 \\ 1 & 2 \end{pmatrix}\begin{pmatrix} 7 & 0 \\ 0 & 2 \end{pmatrix}\begin{pmatrix} 3 & 1 \\ 1 & 2 \end{pmatrix}^{-1}$$

$$\begin{pmatrix} 8 & -3 \\ 2 & 1 \end{pmatrix} = \begin{pmatrix} 3 & 1 \\ 1 & 2 \end{pmatrix}\begin{pmatrix} 7 & 0 \\ 0 & 2 \end{pmatrix}\begin{pmatrix} 3 & 1 \\ 1 & 2 \end{pmatrix}^{-1}$$

UTILISONS CETTE FORMULE POUR CALCULER $\begin{pmatrix} 8 & -3 \\ 2 & 1 \end{pmatrix}^2$
HMM... D'ACCORD.
$\begin{pmatrix} 8 & -3 \\ 2 & 1 \end{pmatrix}^2$
$= \begin{pmatrix} 8 & -3 \\ 2 & 1 \end{pmatrix} \begin{pmatrix} 8 & -3 \\ 2 & 1 \end{pmatrix}$
$= \begin{pmatrix} 3 & 1 \\ 1 & 2 \end{pmatrix} \begin{pmatrix} 7 & 0 \\ 0 & 2 \end{pmatrix} \begin{pmatrix} 3 & 1 \\ 1 & 2 \end{pmatrix}^{-1} \begin{pmatrix} 3 & 1 \\ 1 & 2 \end{pmatrix} \begin{pmatrix} 7 & 0 \\ 0 & 2 \end{pmatrix} \begin{pmatrix} 3 & 1 \\ 1 & 2 \end{pmatrix}^{-1}$
$= \begin{pmatrix} 3 & 1 \\ 1 & 2 \end{pmatrix} \begin{pmatrix} 7 & 0 \\ 0 & 2 \end{pmatrix}^2 \begin{pmatrix} 3 & 1 \\ 1 & 2 \end{pmatrix}^{-1}$
$= \begin{pmatrix} 3 & 1 \\ 1 & 2 \end{pmatrix} \begin{pmatrix} 7^2 & 0 \\ 0 & 2^2 \end{pmatrix} \begin{pmatrix} 3 & 1 \\ 1 & 2 \end{pmatrix}^{-1}$
EST-CE QUE... C'EST BON ?
OUAIS !
SUPER !
ALLONS PLUS LOIN.
EN OBSERVANT TES CALCULS, EST-CE QUE CETTE RELATION TE SEMBLE VRAIE ?
$\begin{pmatrix} 8 & -3 \\ 2 & 1 \end{pmatrix}^p = \begin{pmatrix} 3 & 1 \\ 1 & 2 \end{pmatrix} \begin{pmatrix} 7^p & 0 \\ 0 & 2^p \end{pmatrix} \begin{pmatrix} 3 & 1 \\ 1 & 2 \end{pmatrix}^{-1}$
EUH...

ELLE L'EST ! CETTE FORMULE EST TRÈS UTILE POUR CALCULER LES PUISSANCES D'UNE MATRICE $n \times n$ POUVANT S'ÉCRIRE SOUS CETTE FORME.
VECTEUR PROPRE ASSOCIÉ À λ_1
$$\begin{pmatrix} a_{11} & a_{12} & \cdots & a_{1n} \\ a_{21} & a_{22} & \cdots & a_{2n} \\ \vdots & \vdots & \ddots & \vdots \\ a_{n1} & a_{n2} & \cdots & a_{nn} \end{pmatrix}^p = \begin{pmatrix} x_{11} & x_{12} & \cdots & x_{1n} \\ x_{21} & x_{22} & \cdots & x_{2n} \\ \vdots & \vdots & \ddots & \vdots \\ x_{n1} & x_{n2} & \cdots & x_{nn} \end{pmatrix} \begin{pmatrix} \lambda_1^p & 0 & \cdots & 0 \\ 0 & \lambda_2^p & \cdots & 0 \\ \vdots & \vdots & \ddots & \vdots \\ 0 & 0 & \cdots & \lambda_n^p \end{pmatrix} \begin{pmatrix} x_{11} & x_{12} & \cdots & x_{1n} \\ x_{21} & x_{22} & \cdots & x_{2n} \\ \vdots & \vdots & \ddots & \vdots \\ x_{n1} & x_{n2} & \cdots & x_{nn} \end{pmatrix}^{-1}$$
VECTEUR PROPRE ASSOCIÉ À λ_2
COMPRIS !
VECTEUR PROPRE ASSOCIÉ À λ_n
AH, AU FAIT...
POUR $p = 1$, ON DIT QUE LA FORMULE *DIAGONALISE* LA MATRICE
$$\begin{pmatrix} a_{11} & a_{12} & \cdots & a_{1n} \\ a_{21} & a_{22} & \cdots & a_{2n} \\ \vdots & \vdots & \ddots & \vdots \\ a_{n1} & a_{n2} & \cdots & a_{nn} \end{pmatrix}$$
ET VOILÀ !
$$\begin{pmatrix} x_{11} & x_{12} & \cdots & x_{1n} \\ x_{21} & x_{22} & \cdots & x_{2n} \\ \vdots & \vdots & \ddots & \vdots \\ x_{n1} & x_{n2} & \cdots & x_{nn} \end{pmatrix}^{-1} \begin{pmatrix} a_{11} & a_{12} & \cdots & a_{1n} \\ a_{21} & a_{22} & \cdots & a_{2n} \\ \vdots & \vdots & \ddots & \vdots \\ a_{n1} & a_{n2} & \cdots & a_{nn} \end{pmatrix} \begin{pmatrix} x_{11} & x_{12} & \cdots & x_{1n} \\ x_{21} & x_{22} & \cdots & x_{2n} \\ \vdots & \vdots & \ddots & \vdots \\ x_{n1} & x_{n2} & \cdots & x_{nn} \end{pmatrix} = \begin{pmatrix} \lambda_1 & 0 & \cdots & 0 \\ 0 & \lambda_2 & \cdots & 0 \\ \vdots & \vdots & \ddots & \vdots \\ 0 & 0 & \cdots & \lambda_n \end{pmatrix}$$
LE MEMBRE DE DROITE DE L'ÉGALITÉ EST LA FORME DIAGONALISÉE DE LA MATRICE AU MILIEU DU MEMBRE DE GAUCHE.
SUPER !

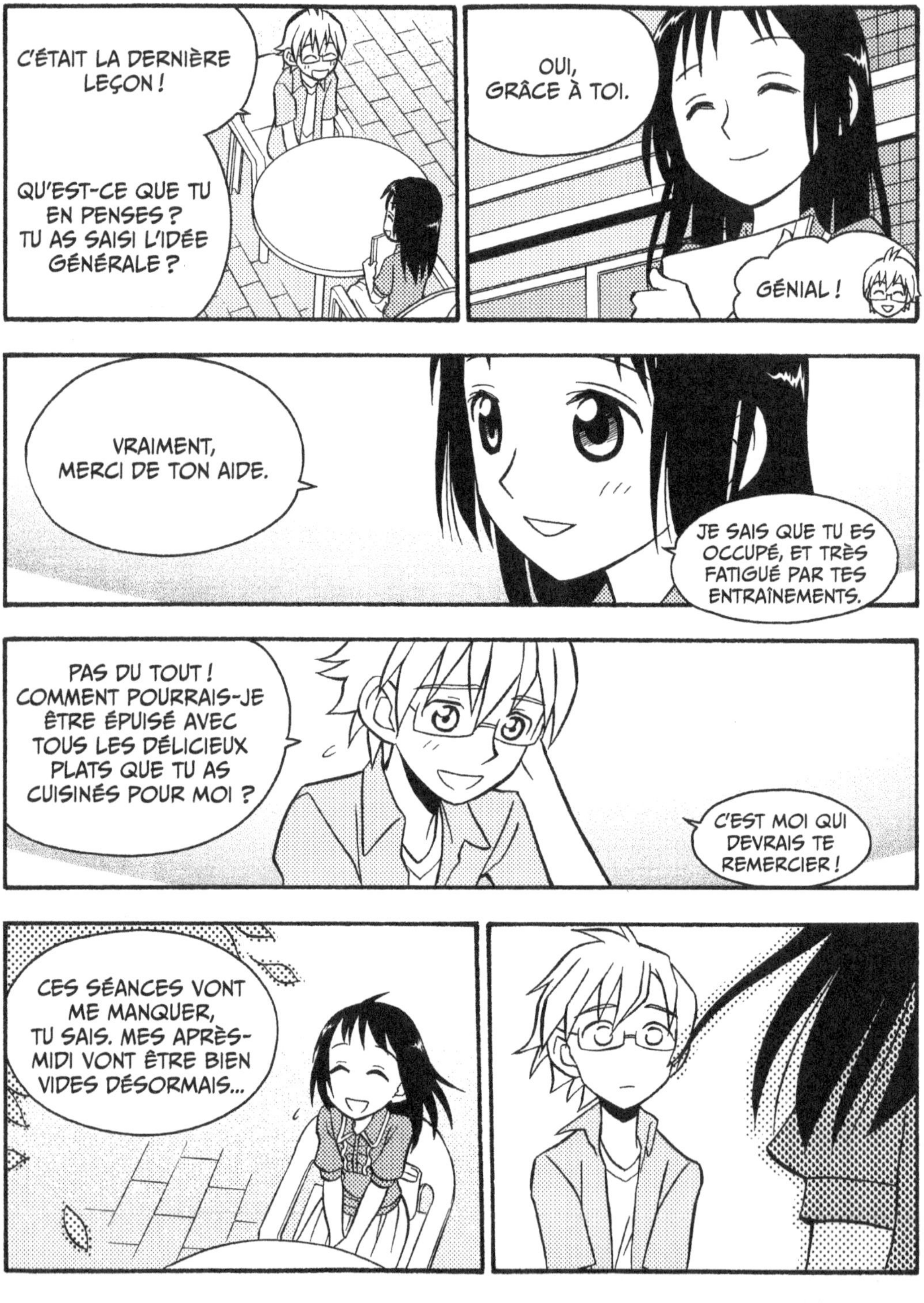
C'ÉTAIT LA DERNIÈRE LEÇON !
QU'EST-CE QUE TU EN PENSES ? TU AS SAISI L'IDÉE GÉNÉRALE ?
OUI, GRÂCE À TOI.
GÉNIAL !
VRAIMENT, MERCI DE TON AIDE.
JE SAIS QUE TU ES OCCUPÉ, ET TRÈS FATIGUÉ PAR TES ENTRAÎNEMENTS.
PAS DU TOUT ! COMMENT POURRAIS-JE ÊTRE ÉPUISÉ AVEC TOUS LES DÉLICIEUX PLATS QUE TU AS CUISINÉS POUR MOI ?
C'EST MOI QUI DEVRAIS TE REMERCIER !
CES SÉANCES VONT ME MANQUER, TU SAIS. MES APRÈS-MIDI VONT ÊTRE BIEN VIDES DÉSORMAIS...

EH BIEN... ON POURRAIT SE VOIR UN SOIR...
HMM ?
OUAIS... POUR CHERCHER DES LIVRES DE MATHS, OU AUTRES... TU SAIS...
SI TU N'AS RIEN D'AUTRE À FAIRE...
BIEN SÛR, CE SERAIT SYMPA !
QUAND EST-CE QUE TU VEUX Y ALLER ?

MATRICES DIAGONALISABLES

RETOUR SUR L'EXEMPLE

Dans les pages précédentes, nous avons vu que la matrice $M = \begin{pmatrix} 8 & -3 \\ 2 & 1 \end{pmatrix}$ pouvait s'écrire sous la forme $P\Delta P^{-1} = \begin{pmatrix} 3 & 1 \\ 1 & 2 \end{pmatrix}\begin{pmatrix} 7 & 0 \\ 0 & 2 \end{pmatrix}\begin{pmatrix} 3 & 1 \\ 1 & 2 \end{pmatrix}^{-1}$ où Δ est la matrice diagonale au milieu et P est la matrice inversible dont les colonnes sont des vecteurs propres de M. Cela semble compliqué, mais c'est très pratique pour les multiplications ; par exemple,

$$\begin{aligned} M^3 &= (P\Delta P^{-1})(P\Delta P^{-1})(P\Delta P^{-1}) \\ &= P\Delta \underbrace{(P^{-1}P)}_{I_3}\Delta \underbrace{(P^{-1}P)}_{I_3}\Delta P^{-1} \\ &= P\Delta^3 P^{-1} \end{aligned}$$

$$M^3 = \begin{pmatrix} 3 & 1 \\ 1 & 2 \end{pmatrix}\begin{pmatrix} 7^3 & 0 \\ 0 & 2^3 \end{pmatrix}\begin{pmatrix} 3 & 1 \\ 1 & 2 \end{pmatrix}^{-1}$$

En d'autres termes, les $P^{-1}P$ du milieu se simplifient et il ne reste qu'à élever la matrice diagonale à la puissance 3, ce qui se calcule sans effort puisqu'il suffit d'élever chaque terme de la diagonale à la puissance 3. Bien sûr il faudrait calculer P^{-1} si l'on voulait réellement connaître l'expression de M^3, mais en pratique, pour résoudre des problèmes, ce dont on a besoin c'est l'écriture $P\Delta^3P^{-1}$.

Cette écriture a aussi l'avantage de donner des informations géométriques sur l'application linéaire u de $\mathbb{R}^2$ dans $\mathbb{R}^2$ associée à la matrice M. Elle nous dit que pour les vecteurs de la droite vectorielle dirigée par $\begin{pmatrix} 3 \\ 1 \end{pmatrix}$, u est une homothétie de rapport 7, et que pour les vecteurs de la droite vectorielle dirigée par $\begin{pmatrix} 1 \\ 2 \end{pmatrix}$ elle est une homothétie de rapport 2. On devine dès lors que la base $\left(\begin{pmatrix} 3 \\ 1 \end{pmatrix}, \begin{pmatrix} 1 \\ 2 \end{pmatrix}\right)$ est bien adaptée à l'application linéaire u puisque dans cette base, sa matrice est diagonale (c'est Δ).

En fait, si on ne vous avait donné que l'interprétation géométrique de u et demandé d'écrire sa matrice, vous auriez peut-être pensé à l'écrire directement dans sa base adaptée plutôt que dans la base canonique. Bien souvent, l'enjeu de l'étude d'une matrice est de (re)trouver une base dans laquelle l'application linéaire associée s'écrit simplement, c'est-à-dire une base qui respecte ses caractéristiques géométriques.

La matrice P, dans laquelle on écrit les coordonnées de la nouvelle base en fonction des vecteurs de l'ancienne base, est une *matrice de passage* de la base $(\vec{\imath}, \vec{\jmath})$ à la base $(3\vec{\imath} + \vec{\jmath}, \vec{\imath} + 2\vec{\jmath})$; elle représente le changement de base.

Les matrices M et Δ, qui représentent la même application linéaire dans deux bases différentes, sont dites *semblables*. Calculer Δ en étudiant M, c'est *diagonaliser* M.

QUELLES MATRICES SONT DIAGONALISABLES ?

Quand une matrice est diagonalisable, on peut l'écrire sous la forme

$$\begin{pmatrix} a_{11} & a_{12} & \cdots & a_{1n} \\ a_{21} & a_{22} & \cdots & a_{2n} \\ \vdots & \vdots & \ddots & \vdots \\ a_{n1} & a_{n2} & \cdots & a_{nn} \end{pmatrix} = \begin{pmatrix} x_{11} & x_{12} & \cdots & x_{1n} \\ x_{21} & x_{22} & \cdots & x_{2n} \\ \vdots & \vdots & \ddots & \vdots \\ x_{n1} & x_{n2} & \cdots & x_{nn} \end{pmatrix} \begin{pmatrix} \lambda_1 & 0 & \cdots & 0 \\ 0 & \lambda_2 & \cdots & 0 \\ \vdots & \vdots & \ddots & \vdots \\ 0 & 0 & \cdots & \lambda_n \end{pmatrix} \begin{pmatrix} x_{11} & x_{12} & \cdots & x_{1n} \\ x_{21} & x_{22} & \cdots & x_{2n} \\ \vdots & \vdots & \ddots & \vdots \\ x_{n1} & x_{n2} & \cdots & x_{nn} \end{pmatrix}^{-1}$$

vecteur propre associé à la valeur propre λ_1 — vecteur propre associé à la valeur propre λ_n

On sait alors que l'application linéaire u associée se comporte comme une homothétie de rapport λ_k le long de la droite vectorielle dirigée par $(x_{1k}, x_{2k}, \dots, x_{nk})$, pour $k \in [\![1;n]\!]$. En d'autres termes, il existe une base de $\mathbb{R}^n$ dans laquelle la matrice de u est diagonale.

Définition : matrice diagonalisable

Une matrice est diagonalisable s'il existe une base dans laquelle la matrice de l'application linéaire associée est diagonale.

Hélas, les applications linéaires n'ont pas toutes une interprétation géométrique aussi simple ; les matrices ne peuvent donc pas toutes s'écrire sous la forme ci-dessus.

Il y a cependant un cas particulier important. Notons χ_M (prononcé « ki M ») le polynôme caractéristique de la matrice :

$$\chi_M(\lambda) = \det(M - \lambda I_n) = \begin{vmatrix} a_{11} - \lambda & a_{12} & \cdots & a_{1n} \\ a_{21} & a_{22} - \lambda & \cdots & a_{2n} \\ \vdots & \vdots & \ddots & \vdots \\ a_{n1} & a_{n2} & \cdots & a_{nn} - \lambda \end{vmatrix}$$

Comme on l'a vu au chapitre 4, ce déterminant peut s'exprimer comme une somme de termes faisant intervenir les a_{ij} et les λ ; c'est donc bien un polynôme en λ. Il a par conséquent des racines (a priori complexes), les valeurs propres de M, et peut s'écrire

$$\chi_M(X) = (-1)^n (X - \lambda_1)^{\alpha_1} \cdots (X - \lambda_p)^{\alpha_p} \quad (\text{avec } \alpha_1 + \cdots + \alpha_p = n)$$

Un tel polynôme est dit *scindé*. Si l'on impose aux racines d'être réelles, des facteurs irréductibles de degré 2 (comme $X^2 + X + 1$) peuvent apparaître.

L'exposant α_k est la *multiplicité* de la racine λ_k. Une racine λ_k est dite *simple* si $\alpha_k = 1$; on peut alors calculer un vecteur propre v_k associé à λ_k et on sait que u est une homothétie le long de $\mathbb{R}v_k$. Supposons que toutes les racines de χ_M soient simples. Il existe alors n vecteurs propres linéairement indépendants pour lesquels u est une homothétie : sa matrice écrite dans la base $(v_1, \dots, v_n)$ est diagonale donc M est diagonalisable.

Théorème

Si une matrice a un polynôme caractéristique scindé à racines simples, elle est diagonalisable.

Et si le polynôme est scindé sans que toutes les racines soient simples ? La matrice peut être diagonalisable ou non, cela dépend des cas. Examinons deux exemples.

EXEMPLE DE MATRICE DIAGONALISABLE AVEC UNE VALEUR PROPRE DE MULTIPLICITÉ 2

Considérons la matrice $M = \begin{pmatrix} 1 & 0 & 0 \\ 1 & 1 & -1 \\ -2 & 0 & 3 \end{pmatrix}$. Calculons d'abord ses valeurs propres :

$$\det(M - \lambda I_3) = \begin{vmatrix} 1-\lambda & 0 & 0 \\ 1 & 1-\lambda & -1 \\ -2 & 0 & 3-\lambda \end{vmatrix} = (1-\lambda)\begin{vmatrix} 1-\lambda & -1 \\ 0 & 3-\lambda \end{vmatrix} = (1-\lambda)^2(3-\lambda)$$

Les valeurs propres de M sont 1 (de multiplicité 2) et 3 (de multiplicité 1). Traitons d'abord le cas facile : recherchons un vecteur propre $X = (x, y, z)$ associé à la valeur propre 3. Il vérifie $MX = 3X$ soit

$$(M - 3I_3)X = 0 \iff \begin{pmatrix} -2 & 0 & 0 \\ 1 & -2 & -1 \\ -2 & 0 & 0 \end{pmatrix}\begin{pmatrix} x \\ y \\ z \end{pmatrix} = \begin{pmatrix} 0 \\ 0 \\ 0 \end{pmatrix} \iff \begin{cases} -2x & = 0 \\ x - 2y - z & = 0 \\ -2x & = 0 \end{cases} \iff \begin{cases} x = 0 \\ z = -2y \end{cases}$$

Le vecteur $(0, 1, -2)$ est donc un vecteur propre associé à la valeur propre 3.

Cherchons maintenant des vecteurs propres associés à la valeur propre 1. Ils vérifient $MX = X$ soit

$$(M - I_3)X = 0 \iff \begin{pmatrix} 0 & 0 & 0 \\ 1 & 0 & -1 \\ -2 & 0 & 2 \end{pmatrix}\begin{pmatrix} x \\ y \\ z \end{pmatrix} = \begin{pmatrix} 0 \\ 0 \\ 0 \end{pmatrix} \iff x = z$$

Les vecteurs $(1, 0, 1)$ et $(0, 1, 0)$ vérifient tous deux cette condition. Ces vecteurs propres linéairement indépendants sont tous deux associés à la valeur propre 1.

Faisons le bilan. Si M est diagonalisable, la matrice de passage est $P = \begin{pmatrix} 0 & 1 & 0 \\ 1 & 0 & 1 \\ -2 & 1 & 0 \end{pmatrix}$ et la matrice diagonale est $\Delta = \begin{pmatrix} 3 & 0 & 0 \\ 0 & 1 & 0 \\ 0 & 0 & 1 \end{pmatrix}$. P est inversible car son déterminant n'est pas nul (il vaut -2).

$$\begin{cases} MP = \begin{pmatrix} 1 & 0 & 0 \\ 1 & 1 & -1 \\ -2 & 0 & 3 \end{pmatrix}\begin{pmatrix} 0 & 1 & 0 \\ 1 & 0 & 1 \\ -2 & 1 & 0 \end{pmatrix} = \begin{pmatrix} 0 & 1 & 0 \\ 3 & 0 & 1 \\ -6 & 1 & 0 \end{pmatrix} \\ P\Delta = \begin{pmatrix} 0 & 1 & 0 \\ 1 & 0 & 1 \\ -2 & 1 & 0 \end{pmatrix}\begin{pmatrix} 3 & 0 & 0 \\ 0 & 1 & 0 \\ 0 & 0 & 1 \end{pmatrix} = \begin{pmatrix} 0 & 1 & 0 \\ 3 & 0 & 1 \\ -6 & 1 & 0 \end{pmatrix} \end{cases}$$

d'où $MP = P\Delta$ puis $M = P\Delta P^{-1}$, ce qui montre que M est diagonalisable.

EXEMPLE DE MATRICE NON DIAGONALISABLE AVEC UNE VALEUR PROPRE DE MULTIPLICITÉ 2

Considérons la matrice $M = \begin{pmatrix} 1 & 0 & 0 \\ -7 & 1 & -1 \\ 4 & 0 & 3 \end{pmatrix}$. Calculons d'abord ses valeurs propres :

$$\det(M - \lambda I_3) = \begin{vmatrix} 1-\lambda & 0 & 0 \\ -7 & 1-\lambda & -1 \\ 4 & 0 & 3-\lambda \end{vmatrix} = (1-\lambda)\begin{vmatrix} 1-\lambda & -1 \\ 0 & 3-\lambda \end{vmatrix} = (1-\lambda)^2(3-\lambda)$$

Les valeurs propres de M sont de nouveau 1 (de multiplicité 2) et 3 (de multiplicité 1). Cherchons un vecteur propre $X = (x, y, z)$ associé à la valeur propre 3 :

$$(M - 3I_3)X = 0 \Longleftrightarrow \begin{pmatrix} -2 & 0 & 0 \\ -7 & -2 & -1 \\ 4 & 0 & 0 \end{pmatrix}\begin{pmatrix} x \\ y \\ z \end{pmatrix} = \begin{pmatrix} 0 \\ 0 \\ 0 \end{pmatrix} \Longleftrightarrow \begin{cases} x = 0 \\ z = -2y \end{cases}$$

Le vecteur $(0, 1, -2)$ est donc un vecteur propre associé à la valeur propre 3.

Cherchons maintenant des vecteurs propres associés à la valeur propre 1 :

$$(M - I_3)X = 0 \Longleftrightarrow \begin{pmatrix} 0 & 0 & 0 \\ -7 & 0 & -1 \\ 4 & 0 & 2 \end{pmatrix}\begin{pmatrix} x \\ y \\ z \end{pmatrix} = \begin{pmatrix} 0 \\ 0 \\ 0 \end{pmatrix} \Longleftrightarrow \begin{cases} -7x - z = 0 \\ 4x + 2z = 0 \end{cases}$$

Le système admet pour unique solution $x = z = 0$, donc tous les vecteurs propres de M associés à la valeur propre 1 sont multiples de $(0, 1, 0)$.

Au final, les vecteurs propres de M sont tous multiples de $\begin{pmatrix} 0 \\ 1 \\ -2 \end{pmatrix}$ ou de $\begin{pmatrix} 0 \\ 1 \\ 0 \end{pmatrix}$. Il n'existe pas de famille de 3 vecteurs propres de M linéairement indépendants. Il n'existe donc pas de base de $\mathbb{R}^3$ constituée uniquement de vecteurs propres de M. Cette matrice n'est pas diagonalisable.

CONDITION DE DIAGONALISABILITÉ

Les exemples ci-dessus suggèrent qu'une matrice est diagonalisable si chacune de ses valeurs propres est associée à suffisamment de vecteurs propres linéairement indépendants. C'est ce que formalise le résultat suivant.

Théorème

Une matrice de polynôme caractéristique

$$\chi_M(\lambda) = (-1)^n(X - \lambda_1)^{\alpha_1} \cdots (X - \lambda_p)^{\alpha_p}$$

est diagonalisable si et seulement si à chaque valeur propre λ_k on peut associer α_k vecteurs propres linéairement indépendants.

Vous vous demandez peut-être si un vecteur propre peut être associé à deux valeurs propres distinctes, ce qui affaiblirait l'argument de comptage sous-jacent au théorème. C'est heureusement impossible, car si $MX = \lambda_1 X$ et $MX = \lambda_2 X$ alors $(\lambda_1 - \lambda_2)X = 0$, ce qui implique $\lambda_1 = \lambda_2$ puisqu'un vecteur propre n'est jamais nul.

ON DIRAIT QUE JE SUIS UN PEU EN AVANCE...
SALUT TOI, TU ATTENDS DEPUIS LONGTEMPS ?
REIJ...
AAAH !
CETTE VOIX !
ALLEZ, SOIS PAS TIMIDE !
ARRÊTEZ !
LÂCHEZ-MOI !
ON VEUT JUSTE APPRENDRE À TE CONNAÎTRE.
MISA !

JE DOIS INTERVENIR...
ET VITE !
BANDE DE PAUVRES TYPES...
!
TREMBLE
MAIS...
ET SI ÇA SE PASSE COMME LA DERNIÈRE FOIS ?
LORS DE MON PREMIER RENDEZ-VOUS AVEC YUKI, MA PETITE AMIE AU COLLÈGE...
HÉ, LÂCHEZ-MOI !
ON VEUT *JUSTE* PASSER DU TEMPS AVEC TOI.
J'AI DÉJÀ UN RENDEZ-VOUS.
YUKI !

BANDE DE PAUVRES TYPES...
JE DOIS INTERVENIR !
NON ! ARRÊTE !
HEIN ? T'ES QUI TOI ?
BAM
HUH ?
ドサッ
SHPLAF
HAHA !
SÉRIEUX ? UN SEUL COUP ? QUELLE MAUVIETTE...
ALLEZ VIENS, ON Y VA.
LAISSEZ-MOI !
TOI, LÀ !

ARRÊTEZ. VOUS VOYEZ PAS QU'ELLE N'A PAS ENVIE DE VENIR AVEC VOUS ?
MAIS C'EST PAS VRAI, QUOI ENCORE ?
OH NON !
T-TU ES...
LE LÉGENDAIRE CAPITAINE DU CLUB DE KARATÉ DE HANAMICHI !
« LE MARTEAU DE HANAMICHI ! »
EN CHAIR ET EN OS.
HMMM...
LE MARTEAU DE HANAMICHI ?
S'ATTAQUER À CE TYPE, C'EST DU SUICIDE !
TIRONS-NOUS !
M-MERCI !
PAS DE QUOI. PAR CONTRE, TON AMI A BESOIN D'AIDE...
GÉMIT...

ÉCOUTE... ÇA ME TOUCHE QUE TU SOIS INTERVENU MAIS...
CE N'ÉTAIT PAS SUFFISANT.
JE...
...CROIS QU'ON NE DEVRAIT PLUS SE VOIR.
...
JE SUIS VRAIMENT DÉSOLÉ... DE N'AVOIR RIEN PU FAIRE...
PAS CETTE FOIS.
ILS VONT VOIR !
JE SUIS BIEN PLUS FORT MAINTENANT !
VIENS-LÀ MA JOLIE...
TIRE
À L'AIDE !
CETTE FOIS, CE SERA DIFFÉRENT !
LÂCHEZ-LA !

BAF
QU- ?
VIENS, ON Y VA.
REIJI !
HÉ ! RESTE ICI !
TU TE PRENDS POUR QUI ?!
BLAM
!
PERSONNE NE LA TOUCHERA !
HA HA, REGARDEZ, IL SE PREND POUR UN HÉROS !
ATTRAPONS-LE !

COURS !
ATTENTION, REIJI !
HUMPF
BAM
ESPÈCE DE...
BOUM
ARRÊTEZ !
S'IL VOUS PLAÎT !
LÂCHE-MOI !
TÊTU, HEIN ?
ÇA SUFFIT.
TIRE

CRAC
JE N'AIME GUÈRE LES EXCÈS DE VIOLENCE.
MAIS EN VOUS ATTAQUANT À MISA, VOUS NE M'AVEZ PAS LAISSÉ LE CHOIX.
TETSUO !
LE MARTEAU DE HANAMICHI !
C'EST ICHINOSE !
COUREZ !
MAMAN !
IL S'EST ÉVANOUI.
SENSEI ?
ALORS COMME ÇA, ON S'EN PREND À MA PETITE SŒUR ?

REIJI ?
REIJI, RÉVEILLE-TOI !
REIJI !
TU VAS BIEN !
WAOUH !
YURINO... MISA M'A RACONTÉ CE QUI S'EST PASSÉ.
MERCI.
EUH... CE N'EST RIEN.
MAIS JE NE MÉRITE PAS DE REMERCIEMENT...

JE N'AI PAS PU L'AIDER...
JE N'AI MÊME PAS PU M'AIDER MOI-MÊME...
JE N'AI PAS CHANGÉ DU TOUT !
JE SUIS TOUJOURS FAIBLE !
TU N'ES PAS ENCORE CEINTURE NOIRE...
MAIS TU N'ES PAS FAIBLE.
TU AS PLACÉ LA SÉCURITÉ DE MISA AVANT LA TIENNE.
TU AS MONTRÉ UN GRAND COURAGE.
TU DEVRAIS ÊTRE FIER !
MAIS–
REIJI !
IL A RAISON.
JE NE SAIS PAS QUOI DIRE... MERCI ENCORE.
MISA...

MERCI POUR TOUT !
AH...
QU'EST-CE... ?
JE CROYAIS AVOIR ÉTÉ TRÈS CLAIR À PROPOS DES RÈGLES.
ギリギリ
EUH ?! JE, EUH...
BAH..
C'EST BON.
MISA N'EST PLUS UNE ENFANT.
MERCI, SENSEI...
AU FAIT, EST-CE QUE JE PEUX TE DEMANDER UNE AUTRE FAVEUR ?
B-BIEN SÛR.

J'AIMERAIS QUE TU ME DONNES DES COURS, À MOI AUSSI.
DE MATHS, JE VEUX DIRE.
QUOI ?
ÇA L'AIDERAIT VRAIMENT, IL EST EN SIXIÈME ANNÉE...
S'IL N'A PAS SON DIPLÔME BIENTÔT...
ALORS ?
POUR MOI AUSSI CE SERAIT IMPORTANT.
BIEN SÛR !
PAS DE SOUCI !
GÉNIAL !
D'ABORD, LES PLUS ET LES MOINS.
EUH...
L'ADDITION ET LA SOUSTRACTION ?
ET MOI JE FERAI VOS DÉJEUNERS !

Index

Achevé d'imprimer en novembre 2022
sur les presses de la Nouvelle Imprimerie Laballery – 58500 Clamecy
N° d'impression : 211430
Imprimé en France

La Nouvelle Imprimerie Laballery est titulaire de la marque Imprim'Vert®